高等学校"十三五"规划教材·计算机软件工程系列

智能进化算法概述及应用

主　编　张　强

副主编　富　宇　李盼池

哈尔滨工业大学出版社

内 容 简 介

最优化问题一直是计算机科学、人工智能和管理决策等领域广泛关注的一个问题。本书由浅入深地介绍了粒子群优化算法、差分进化算法、混洗蛙跳算法、人工蜂群优化算法、果蝇优化算法、人工免疫优化算法和量子衍生进化算法及其相关应用,力求帮助读者能较容易地应用智能进化算法解决相应的问题。

本书可作为与优化理论及应用相关专业的本科生或研究生教材,也可供相关领域研究人员及工程技术人员参考。

图书在版编目(CIP)数据

智能进化算法概述及应用/张强主编. — 哈尔滨:
哈尔滨工业大学出版社,2018.9
ISBN 978-7-5603-7643-1

Ⅰ. ①智… Ⅱ. ①张… Ⅲ. ①最优化算法 Ⅳ.
①O242.23

中国版本图书馆 CIP 数据核字(2018)第 203875 号

策划编辑　王桂芝　黄菊英
责任编辑　刘　瑶
出版发行　哈尔滨工业大学出版社
社　　址　哈尔滨市南岗区复华四道街 10 号　邮编 150006
传　　真　0451-86414749
网　　址　http://hitpress.hit.edu.cn
印　　刷　哈尔滨市工大节能印刷厂
开　　本　787mm×1 092mm　1/16 开　印张 10　字数 218 千字
版　　次　2018 年 9 月第 1 版　2018 年 9 月第 1 次印刷
书　　号　ISBN 978-7-5603-7643-1
定　　价　32.00 元

前　言

最优化问题一直受到计算机科学、人工智能和管理决策等领域的广泛关注。优化是一种以数学为基础、用于求解各种工程问题优化解的应用技术，它作为一个重要的科学分支，一直受到人们的广泛重视。用传统的最优化方法求解，需要的计算时间与问题的规模呈指数关系，这使得传统的优化方法在实际复杂优化问题的求解上显得无能为力。群体智能算法是近几十年发展起来的仿生模拟进化的新型算法，具有操作简单、通用性强、宜于并行处理和鲁棒性强等特点。群体智能算法将问题的所有可能解集看作解空间，从代表问题可行解的一个子集开始，通过对该子集施加某种算子操作，从而产生新的解集，并逐渐使种群进化到包含最优解或近似最优解的状态。在进化过程中仅需要目标函数的信息，不受搜索空间是否连续或可微的限制就可找到最优解。群体智能算法目前已被广泛应用于机器学习、组合优化、神经网络训练、工业优化控制、模式分类、模糊系统控制、图像处理等多个领域，已成为人们求解复杂优化问题强有力的工具。

本书本着由浅入深、易于掌握的原则，第 1 章简要介绍了最优化理论的基本知识和一些现有的智能进化算法，给读者一个简单的主观认识；第 2～8 章分别介绍了目前应用较为广泛的 7 种智能算法，分别是粒子群优化算法、差分进化算法、混洗蛙跳算法、人工蜂群优化算法、果蝇优化算法、人工免疫优化算法和量子衍生进化算法。书中对每种算法的基本原理、参数设置及应用案例进行了详细介绍，力求读者能较容易地应用智能进化算法解决相应的问题。另外，根据"没有免费的午餐定理"，所有最优化算法的性能是等价的，不存在任何最优化算法在所有问题上的性能都比其他最优化算法更好的情况。因此，读者需根据研究问题的特点以及优化算法的特性来调整算法的参数或是对其进行改进，才能使得智能进化算法具有更好的性能。

本书具体分工如下：第 1～6 章由张强编写，第 7 章由富宇编写，第 8 章由李盼池编写。

鉴于作者水平有限，书中难免存在疏漏和不妥之处，敬请读者指正。

作　者

2018 年 2 月

目　录

第 1 章 概 述

随着社会生产、经济、技术的不断发展，人们在实际工作中经常会遇到这样的问题：工程设计中参数如何选取能使得设计既满足要求又能降低成本；资源怎样分配既能满足各方面的基本要求又能获得好的经济效益；生产计划如何安排才能提高产值和利润。其实这些问题都可以抽象地转化成最优化问题，即在一定约束条件下寻找一组参数值使得某些最优性度量得到满足，也就是让系统的某些性能指标达到最大或者最小。解决这类最优化问题的主要手段就是选取比较重要的要素建立数学模型，然后利用先进的求解策略进行计算。求解最优化问题的传统方法有数学规划和启发式搜索算法，如求解线性规划的单纯形法、求解混合整数线性规划的割平面法、分支定界法和动态规划法；求解非线性规划无约束问题的牛顿法、共轭梯度法；求解约束问题的可行方向法、乘子法、序列二次规划法和罚函数法。

传统的优化方法对问题的描述有严格的要求，通常要求问题的目标函数和约束条件是连续可微的。但随着先进技术的不断发展，实际的优化问题变得越来越复杂，如旅行商问题、背包问题、图着色问题等，已被证明是 NP 完全问题，至今没有有效的多项式时间解法，用传统的最优化方法求解，需要的计算时间与问题的规模呈指数关系，这使得传统的优化方法在实际复杂优化问题的求解上显得无能为力。因此，亟待寻求面向复杂问题的新优化方法。群体智能算法是近几十年发展起来的仿生模拟进化的新型算法，如遗传算法、演化规划、模拟退火、粒子群优化及其混合优化算法等。这些算法并不致力于在多项式时间内求得问题的最优解，而是在计算时间和优化程度之间进行折中，以较小的计算量得到近似解或满意解。将问题的所有可能解集看作解空间，从代表问题的一个可行解开始，通过个体进化策略产生新的解集，并逐渐使种群进化到包含最优解或近似最优解的状态。群体智能算法在整个进化过程中不需要所求问题的任何信息，而仅需要目标函数的信息，不受搜索空间是否连续或可微的限制就可找到最优解，具有操作简单、通用性强、宜于并行处理和鲁棒性强等特点，因此被广泛应用于组合优化、自动控制、管理科学、规划设计、人工生命以及模式识别和社会科学等多个领域。

1.1 最优化问题模型

在科学研究、工程技术及信息处理等领域存在着大量的最优化问题，即在众多可行的决策方案中寻求最优方案，有效解决这些问题不仅具有重要的研究意义，而且也能产生巨大的经济效益，这些问题都可以归结为最优化问题。求解最优化问题的主要步骤就是依据研究的问题建立求解该问题的数学模型，最优化问题的数学模型包含 3 个要素，即决策变量、目标函数及约束条件。

1.1.1 决策变量

一个优化设计方案是用一组设计参数的最优组合来表示的。这些设计参数可概括地划分为两类：一类是可以根据客观规律、具体条件、已有数据等预先给定的参数，统称为常量；另一类是在优化过程中经过逐步调整，最后达到最优值的独立参数，称为变量。优化问题的目的就是使各变量达到最优组合。变量的个数称为优化问题的维数，例如有 n 个变量 $x_1, x_2, \cdots, x_n$ 的优化问题就是在 n 维空间 R^n 中寻优。n 维空间 R^n 中的点 $X=[x_1, x_2, \cdots, x_n]^T$ 就代表优化问题中的一个方案。

1.1.2 目标函数

反映变量间相互关系的数学表达式称为目标函数。函数值的大小可以用来评价优化方案的优劣。一般把优化问题归结为求目标函数的极小值问题，即目标函数值越小优化方案越好。对于一些求解目标函数极大的问题，可以转化成求其负值最小的问题，即

$$\max f(X) = \max f(x_1, x_2, \cdots, x_n) = -\min[-f(X)]$$

本书把优化问题描述为目标函数的极小化问题，其一般形式为

$$\min f(X) = \min f(x_1, x_2, \cdots, x_n)$$

如果优化问题只有一个目标函数，则称为单目标函数；如果优化问题同时追求多个目标，则该问题的目标函数称为多目标函数。

多目标优化问题的目标函数通常表示为

$$V - \min f(X) = [f_1(X), f_2(X), \cdots, f_m(X)]^T$$

其中 $X=[x_1, x_2, \cdots, x_n]^T$。这时的目标函数在目标空间中是一个 m 维矢量，所以又称之为矢量优化问题（一般用 min 加一个前缀 "$V-$" 来表示矢量极小化）。

1.1.3　约束条件

变量间应该遵循的限制条件的数学表达式称为约束条件或约束函数。按其表达式可分为不等式约束和等式约束两种：

$$\text{s.t.} \begin{cases} g_i(\boldsymbol{X}) \geqslant 0, & i=1,2,\cdots,l \\ h_j(\boldsymbol{X}) = 0, & j=1,2,\cdots,m \end{cases}$$

式中，"s.t."为 Subject to 的缩写，意即"满足于"或"受限于"。按约束条件的作用还可将约束条件划分为起作用的约束（紧约束、有效约束）和不起作用的约束（松约束、消极约束）。等式约束相当于空间里一条曲线（曲面或超曲面），点 X 必须为该曲线（曲面或超曲面）上的一点，因而总是紧约束。有一个独立的等式约束，就可用代入法消去一个变量，使优化问题降低一维。因此，数学模型中独立的等式约束个数应小于变量个数，如果相等，就不是一个待定优化系统，而是一个没有优化余地的既定系统。不等式约束通常是以其边界 $g(X)=0$ 或 $g(X)\approx 0$ 表现出约束作用的，它只限制点 X 必须落在允许的区域内（包括边界上），因而不等式约束的个数与变量个数无关。

1.1.4　最优化问题的分类

从最优化问题组成的 3 个要素角度出发，可以对最优化问题进行分类：

（1）根据目标函数连续与否，可将最优化问题分为连续函数最优化和离散函数最优化两大类，后者也可以称为组合优化问题。

（2）如果目标函数和约束函数都是线性函数，则该模型称为线性规划（Linear Programming）模型，否则称为非线性规划（Nonlinear Programming）模型。

（3）根据可行域的限制可分为无约束优化和约束优化问题，即如果没有限制，则该模型称为无约束优化（Unconstrained Optimization）模型，否则称为有约束优化模型（Constrained Optimization）模型。

（4）如果决策变量 x_i 都是整数，则该模型称为整数规划（Integer Programming）模型；如果决策变量 x_i 部分是整数，则该模型称为混合整数规划（Mixed Integer Programming）模型。

1.2　群体智能优化算法

1.2.1　群体智能

群体智能（Swarm Intelligence）是指具有简单智能的个体通过相互协作和组织表现出群体智能行为的特性，它具有天然的分布式和自组织特征。群体智能利用群体优势，在没有集中控制、不提供全局模型的前提下，为寻找复杂问题解决方案提供了新的思路。群体智能是对生物群体的一种软仿生，可以将个体看成是非常简单和单一的，也可以让它们拥有学习的能力，来解决具体的问题。由单个复杂个体完成的任务可由大量简单的个体组成的群体合作完成，而后者往往更具有健壮性、灵活性和经济上的优势。群体智能已经成为人工智能以及经济、社会、生物等交叉学科的热点和前沿领域。

1994 年著名学者 Millonas 提出了群体智能应遵循的 5 条基本原则。

（1）邻近原则（Proximity Principle），群体能够进行简单的空间和时间计算。

（2）品质原则（Quality Principle），群体能够响应环境中的品质因子。

（3）多样性反应原则（Principle of Diverse Response），群体的行动范围不应该太窄。

（4）稳定性原则（Stability Principle），群体不应在每次环境变化时都改变自身的行为。

（5）适应性原则（Adaptability Principle），在所需代价不太高的情况下，群体能够在适当的时候改变自身的行为。

根据 Millonas 提出的原则，实现群体智能的智能个体必须能够在环境中表现出自主性、反应性、学习性和自适应性等智能特性。群体智能比较突出的特点有以下几方面：

1. 简单性

群体智能中的个体能力十分简单，每个个体只能感知局部信息，不能直接拥有全局信息，对个体的模拟易于实现且执行时间比较短。个体间表现出高度的协调化，在许多情况下能完成远远超过个体能力的复杂任务。在数据处理过程只需目标函数的输出值，而无须其梯度信息，易于实现。

2. 分布式

群体智能中的个体是分布式的，可以是均匀分布，也可以是非均匀分布或其他随机分布。整个群体没有中心控制，而是通过自组织涌现出群体的总体特征，这样更能够适应网络环境下的工作状态，符合一些复杂系统的实际演变状况。

3. 鲁棒性

由于群体智能中的个体是分布式的，无集中控制约束，加之个体对整体系统的影响力较小，系统不会由于某一个或者几个个体的故障而影响整个问题的求解，因此具有较强的鲁棒性。

4. 易扩展性

群体智能可以不通过个体之间直接通信而是通过非直接的信息交流方式进行合作，即通过个体当前所在的小环境作为媒介进行合作，具有自组织性。因此这样的系统具有更好的可扩展性。

5. 广泛的适用性

由于群体智能算法对问题定义的连续性无特殊要求，不仅在处理组合优化问题方面有突出的优越性，而且对于连续性问题也可以通过离散化的手段进行处理，在处理问题的规模上也没有限制；相反，问题规模越大越能显示群体智能算法的优越性。另外，群体智能算法对问题的结构化要求不高，可以处理半结构化以及非结构化的问题，因此所处理的问题具有广泛的适用性。

与传统优化算法相比，群智能优化算法具有理论简单、易于实现、寻优效果更优等优点。虽然群体智能优化算法在近些年的研究中有了很大发展，但总体来说，这种新型的优化算法仍然存在很多不足，还有很多问题有待于进一步研究解决，如数学理论支撑薄弱，如何使得算法的优化效果更好和寻优速度更快，以及怎么样能更广泛地应用到实际问题中去等。以下对几种典型的群体智能优化算法进行简要的概述。

1.2.2 遗传算法

1975 年，美国密歇根大学的 J. Holland 参照"适者生存"的生物进化法则的思想提出了一些解决复杂优化问题的理论和方法。遗传算法（Genetic Algorithm，GA）模拟生物进化的基本过程，用编码串来类比生物体中的染色体，通过选择、交叉、变异等遗传算子来模仿生物的基本进化过程，利用适应度函数来评价染色体所蕴涵问题解的质量优劣，使最优染色体个体所代表的问题解逼近问题的全局最优解。通过适应度函数引导种群的进化方向和各染色体的不断"更新换代"，从而提高每代种群的平均适应度。

在遗传算法中，每个问题的可行解对应一个染色体，通常可以用特定编码方式（如二进制编码）产生编码串来表示染色体。采用遗传算法求解问题时，首先需要将优化问题的解利用染色体来编码，在染色体的解空间中随机产生指定个数的染色体构成初始种群，然后通过迭代的选择操作、基因重组操作和变异操作对种群中的染色体个体进行进化。在达到结束条件后对最优的染色体进行解码，便可以得到待求解问题的最优解或者近似最优解。遗传算法的流程包括以下 6 个步骤。

（1）算法初始化。具体优化参数为：初始化解空间的寻优范围、种群大小、遗传算法的交叉率和变异率、算法的结束条件和最大迭代次数，最后在解空间内随机生成一个初始种群。

（2）适应度评价。染色体的适应度体现了所表示问题解的优劣程度，是种群个体不断进行选择操作的依据。适应度函数通常由所求解的最优化问题的寻优目标来确定。例如在求函数最小值时，可以直接将目标函数值作为适应度函数，函数值越小，相应的适应度也越小。

（3）选择操作。选择是优胜劣汰的过程。在计算出每个个体的适应度后，较优的个体将以较大的概率生存下来，而较差的个体很可能被淘汰掉。为了实现这个目标，通常使用轮盘赌选择法和锦标赛选择法这两种经典选择策略。

（4）交叉操作。交叉操作是父代基因重新组合的过程。基因重组的方式有单点交叉、多点交叉和均匀交叉等多种方式。

（5）变异操作。个体的基因在进化过程中会以很小的概率发生变异。变异操作给染色体种群带来了新的基因，是保证算法找到最优解以及使得算法以渐进的形式逼近最优解的重要操作。

（6）评估新种群的适应度。这一步骤对新生成的种群重新进行适应度评估。此时若达到算法的终止条件则停止算法，否则返回步骤（3）继续操作。

与传统方法相比，遗传算法具有隐式并行性和全局搜索性两大主要特点，作为强有力且应用广泛的随机搜索和优化方法，遗传算法可能是当今影响最广泛的进化计算方法之一。近几十年来，遗传算法成功的应用包括函数优化、机器学习、组合优化、人工神经元网络训练、自动程序设计、专家系统、作业调度与排序、可靠性设计、车辆路径选择与调度、成组技术、设备布置与分配等。

1.2.3　粒子群优化算法

1995 年 Eberhart 和 Kennedy 基于鸟群捕食的行为提出粒子群优化（Partical Swarm Optimization，PSO）算法。在粒子群优化算法中，将每个优化问题的解当作搜索空间中的一只鸟，称之为"粒子"。所有的粒子由表征优化问题目标的函数值来确定个体的优劣，每个粒子拥有一个速度决定其飞翔的方向和距离，粒子追随当前的最优粒子在解空间中搜索。粒子群优化算法通过迭代找到最优解，在每一次迭代中，粒子通过跟踪两个"极值"来更新自己。第一个极值就是粒子本身所找到的最优解，这个解称为个体极值 p_{best}；另一个极值是整个种群目前找到的最优解，这个极值称为全局极值 g_{best}。另外，也可以不用整个种群而只是用其中一部分最好粒子的邻居，那么在所有邻居中的极值就是局部极值。在找到这两个最优值时，粒子根据如下的公式来更新自己的速度和新的位置：

$$v_i(t+1) = v_i(t) + c_1 rand_1[p_p(t) - x_i(t)] + c_2 rand_2[p_g(t) - x_i(t)] \qquad (1.1)$$

$$x_i(t+1) = x_i(t) + v_i(t+1) \qquad (1.2)$$

式中，$rand_1$ 和 $rand_2$ 为介于（0,1）之间的随机数；c_1、c_2 为加速常数，通常在 0~2 取值；c_1 为调节个体飞向自身最好位置方向的步长；c_2 为调节个体飞向全局最好位置方向的步长。为了在进化过程中减少个体离开搜索空间的可能性，个体的速度被限定在$[-v_{max}, v_{max}]$内。p_p 是先前定义的个体极值 p_{best}，p_g 是先前定义的全局极值 g_{best}。

基本粒子群优化算法只能用于连续空间，Kennedy 和 Eberhart 提出一种二进制离散粒子群优化（D-PSO）算法，该算法的提出有效地解决了离散空间的优化问题。D-PSO 算法中，粒子的位置每一维只有 0 或 1 两种状态，速度更新的方法与连续粒子群优化算法类似；位置的更新则取决于由粒子速度决定的状态转移概率。速度大于一定的数值，粒子取 1 的可能性越大；反之越小，而且这个阈值要位于[0, 1]。Sigmoid 函数能够满足这个要求，所以速度转换采用 Sigmoid 函数。为增加粒子位置的多样性，避免陷入局部极值，需要对 v_{id} 作幅值处理，保证 Sigmoid(v_{id})值不能太靠近 0 或 1.0。

离散粒子群优化算法调整公式如下：

$$v_{id} = \omega v_{id} + c_1 rand_1(p_{id} - x_{id}) + c_2 rand_2(p_{gd} - x_{id}) \tag{1.3}$$

$$x_{id} = \begin{cases} 1, & \rho_{id} < \text{sigmoid}(v_{id}) \\ 0, & \rho_{id} > \text{sigmoid}(v_{id}) \end{cases} \tag{1.4}$$

式中，ρ_{id} 为一个[0, 1]的随机数，其他参数类似基本粒子群优化算法。

粒子群优化算法与遗传算法相似，都是从随机解出发通过迭代和适应度来寻找最优解。但是它比遗传算法规则更为简单，没有遗传算法的"交叉"和"变异"操作。通过追随当前搜索到的最优值来寻找全局最优。这种算法以实现容易、精度高、收敛快等优点引起了学术界的重视，并且在解决实际问题中展示了其优越性，现已广泛应用于函数寻优、神经网络训练、模式分类、模糊系统控制以及工程应用领域。

1.2.4　蚁群算法

1991 年 M. Dorigo 等人受到蚂蚁在寻找食物过程中发现路径行为的启发提出了基于信息正反馈原理的蚁群算法（Ant Colony Algorithm，ACA）。这种算法具有分布计算、信息正反馈和启发式搜索的特征，本质上是进化算法中的一种启发式全局优化算法。蚁群算法的基本思想来源于自然界蚂蚁觅食的最短路径原理，根据昆虫科学家的观察，发现自然界的蚂蚁虽然视觉不发达，但它们可以在没有任何提示的情况下找到从食物源到巢穴的最短路径，并在周围环境发生变化后，自适应地搜索新的最佳路径。蚂蚁在寻找食物源的时候，能在其走过的路径上释放一种叫信息素的激素，蚂蚁个体之间通过信息素进行信息传递，从而能互相协作，完成复杂的任务。蚂蚁在运动过程中，能够在它所经过的路径上留下信息素，而且蚂蚁在运动过程中能够感知信息素的存在及其强度，并以此指导自己的运动方向，蚂蚁倾向于朝着信息素强度高的方向移动。因此，由大量蚂蚁组成的蚁群的集体行为便表现出一种信息正反馈现象：某一路径上走过的蚂蚁越多，则后来者选择该路径的概率就越大。蚂蚁个体之间就是通过这种信息的交流达到搜索食物的目的。M. Dorigo 等人充分利用蚁群搜索食物的过程与旅行商问题（Travding Salesman Problem，TSP）之间的相似性，解决了旅行商问题，取得了很好的结果。随后，蚁群算法被用来求解 NP 完全问题，如分配问题、网络路由问题、指派问题、车间作业调度问题、电力系统故障诊断问题等，显示出蚁群算法在求解复杂优化问题方面的优越性。

1.3 智能进化算法研究及应用

近几十年来，国内外学者通过研究或模仿群体生活的昆虫、动物的社会行为特征，提出了一系列模拟生物系统中群体生活习性的群智能优化算法。除上述 3 种优化算法外，还有一些较具有代表性的群体智能优化算法，它们在实际应用中发挥了重要作用。

1983 年，Kirkpatrick 等人将模拟退火（Simulated Annealing，SA）算法的思想应用于组合优化。该思想最早是由 Metropolis 在 1953 年提出的，SA 算法的基本思想是从给定初始解开始，在邻域中随机产生另一个解，接受准则允许目标函数在有限范围内变差，以一定概率接受较差的解。目前，已经证明 SA 算法是一种在局部最优解中能概率性地跳出并最终趋于全局最优，是依概率 1 收敛于全局最优解的优化方法。SA 算法是近年来备受重视的一类软计算方法，能解决传统的非线性规划方法难于解决的某些问题，在 VLSI、生产调度、控制工程、机器学习、神经网络、图像处理、函数优化等许多领域得到广泛的研究。

1994 年，Reynolds 提出文化算法。该算法采用由上层信度空间和底层种群空间组成的双层进化机制，从底层种群的优势进化个体中挖掘反映进化程度和优势区域的隐含知识，并将信度空间存储的知识反馈到种群进化过程中，从而提高搜索效率，改善算法进化性能，在产品设计、生产调度和工业优化控制等众多领域的优化问题中得到了成功应用，并得到与传统智能算法相结合的研究成果。

1995 年，Rainer Storn 和 Kenneth Price 为求解切比雪夫多项式提出差分进化（Differential Evolution，DE）算法，其主要思想是通过产生基于差异向量的变异个体，然后进行杂交得到试验个体，最后经过选择操作选择较好的个体进入下一代群体，具有原理简单、控制参数少、鲁棒性强等特点，在许多领域如机器人、工业设计、电力系统优化、数字滤波设计等得到很好的应用。

1995 年，Theraulaz 提出了蜜蜂通过与环境之间的信息交互实现安排工作的模型，即蜂群算法（Wasp Colony Algorithm，WCA）。该算法可用于解决作业车间调度问题等。

2002 年，李晓磊等人通过观察鱼类在水中游弋觅食的行为特点提出人工鱼群算法（Artificial Fish-swarm Algorithm，AFSA）。人工鱼群算法目前已用于组合优化、参数估计、PID 控制器的参数整定、神经网络优化等。

2002 年，Passino 根据生物体大肠杆菌的觅食行为提出了细菌觅食算法（Bacterial Foraging Algorithm，BFA）。细菌觅食算法是随机搜索的智能优化算法，其数学模型主要有 3 个基本步骤：趋向、复制及迁移。其几何解释为 3 个循环层操作，最里层是趋向，中间层是复制，最外层是迁移，细菌觅食行为主要就是依据这 3 层循环操作来寻找食物的。

2003 年，Eusuff 等人提出的混洗蛙跳算法（Shuffled Frog Leaping Algorithm，SFLA）是一种基于群体的亚启发式协同搜索群智能算法。该算法结合了基于遗传基因的模因演算算法和基于群体觅食行为的粒子群优化算法的优点，具有概念简单、参数少、计算速度快、全局寻优能力强、易于实现等特点，已在水资源网络优化、装配线排序、PID 控制器参数优化、流水车间调度、聚类和风电场电力系统动态优化等领域得到成功应用。

2005 年，K. N. Krishnanand 和 D. Ghose 提出一种新的群体智能优化算法——人工萤火虫群优化（Glowworm Swarm Optimization，GSO）算法。迄今为止，人工萤火虫群优化算法在多模态函数优化问题、多信号源追踪问题、多信号源定位问题、有害气体泄漏定位问题、组合优化问题等方面得到成功的应用，且表现出良好的性能。

2009 年，Xin-she Yang 根据自然界中萤火虫的发光行为提出萤火虫算法（Firefly Algorithm，FA）。萤火虫算法在生产调度、路径规划等方面具有良好的应用前景。

2009 年，Xin-she Yang 和 Suash Deb 受布谷鸟通过巢寄生方式解育幼鸟和莱维飞行寻找寄生鸟巢的生物行为启发提出了布谷鸟搜索算法。

2012 年，潘文超提出了一种新型的群体智能优化算法——果蝇优化算法（Fruit Fly Optimization Algorithm，FOA）。该算法通过模拟果蝇种群的觅食行为，采用基于果蝇群体协作的机制进行寻优操作。寻优机制简单，整个算法仅包括嗅觉搜索和视觉搜索两部分，它们的关键参数仅为种群数目和最大迭代搜索次数。

本章小结

随着这些年对智能进化算法的不断深入研究和行业应用，研究者们发现必须采用特定的参数和进化方式，算法才能有效地求解特定的优化问题。"没有免费的午餐"定理显示，由于所有可能函数的相互补偿作用，所有最优化算法的性能是等价的。也就是说，不存在任何最优化算法在所有问题上的性能都比其他最优化算法更好的情况。因此，必须根据研究问题的特点以及优化算法的特性来调整算法的参数，或是对其进行改进，才能使智能进化算法具有更好的性能。故近些年多数学者针对各种智能进化算法提出了各种改进方案，总结起来大致可以分为：算法的数学理论证明及收敛性分析方面、参数选择与优化方面、邻域拓扑结构方面、与其他演算计算方法融合方面及算法应用方面。

第 2 章　粒子群优化算法

Eberhart 与 Kennedy 在 1995 年基于对鸟群捕食行为的研究提出粒子群优化（PSO）算法。粒子群优化算法的理论基础是把每一只鸟看作一个粒子，并赋予每只鸟（粒子）拥有记忆性，能通过与群体中其他粒子进行信息交换来找到最优解（最优食物）。粒子群优化算法通过粒子间的竞争和协作以实现在复杂搜索空间中寻找全局最优点。它具有易理解、易实现、全局搜索能力强等特点，已经成为发展最快的智能优化算法之一。目前，粒子群优化算法在函数优化、神经网络训练、模糊系统控制、组合优化以及电力系统、自动控制、模式识别与图像处理、化工、机械、通信、机器人、经济等多个领域得到广泛的应用。

2.1　粒子群优化算法原理

粒子群优化算法是兼有进化计算和群智能特点的一种优化算法，起初只是设想模拟鸟类捕食的过程，但后来发现粒子群优化算法是一种很好的优化工具。与其他的进化算法相类似，粒子群优化算法也是通过个体间的协作与竞争来实现最优解的搜索。粒子群优化算法中的每一个粒子，即解空间中的每一个解，粒子根据自己的飞行经验和同伴的飞行经验来调整自己的飞行轨迹，所有的粒子都有一个适应度函数决定的适应值，适应值用来评价粒子当前位置的好坏；每个粒子还有一个速度用来决定它们飞行的方向和距离，然后各个粒子就追寻当前的最优粒子在解空间中进行搜寻。每个粒子在飞行过程中所经历过的最好位置，就是粒子本身找到的最优解；整个粒子种群所经历过的最优位置，就是整个种群到目前为止找到的最优解。前者称为个体极值，后者称为全局极值。每个粒子都通过上述两个极值不断地更新自己的位置和速度，从而产生新一代群体。在使用粒子群优化算法解决实际问题的时候，首先要弄清楚什么是"粒子"，有了优化对象才能确定该对象所谓的"位置"和"速度"代表什么意思，粒子群优化算法的核心就是适应度函数的确定，不同的问题有不同的适应度函数，通过适应度函数来评价粒子当前位置的好坏。适应度函数体现了当前位置与最优位置的关系，即鸟类捕食模型中"鸟"和"食物"之间的距离所代表的含义，通过它来确定当前位置与最优位置之间的差距，再通过分析适应度函数的指标，确定与最优解的接近程度。

2.1.1 基本原理

在连续空间坐标系中，粒子群优化算法的数学描述如下：设粒子群种群规模为 N，其中每个粒子在 D 维空间中的坐标位置向量表示为 $X_i=(x_{i1}, x_{i2}, \cdots, x_{id}, \cdots, x_{iD})$，速度向量表示为 $V_i=(v_{i1}, v_{i2}, \cdots, v_{id}, \cdots, v_{iD})$，粒子个体最优位置表示为 $P_i=(p_{i1}, p_{i2}, \cdots p_{id}, \cdots, p_{iD})$，群体最优位置表示为 $P_g=(p_{g1}, p_{g2}, \cdots, p_{gd}, \cdots, p_{gD})$。不失一般性，以最小化问题为例，在最初版本的粒子群优化算法中，个体最优位置的迭代公式为

$$p_{i,t+1}^d = \begin{cases} x_{i,t+1}^d, & f(X_{i,t+1}) < f(p_{i,t}) \\ p_{i,t}^d, & \text{其他} \end{cases} \tag{2.1}$$

群体最优位置为个体最优位置中最好的位置。速度和位置迭代公式分别为

$$v_{i,t+1}^d = v_{i,t}^d + c_1 \times rand \times (p_{i,t}^d - x_{i,t}^d) + c_2 \times rand \times (p_{g,t}^d - x_{i,t}^d) \tag{2.2}$$

$$x_{i,t+1}^d = x_{i,t}^d + v_{i,t+1}^d \tag{2.3}$$

由于初始版本在优化问题中应用时效果并不太好，因此初始算法提出不久之后就出现了一种改进算法，在速度迭代公式中引入了惯性权重 ω，速度迭代公式变为

$$v_{i,t+1}^d = \omega v_{i,t}^d + c_1 \times rand \times (p_{i,t}^d - x_{i,t}^d) + c_2 \times rand \times (p_{g,t}^d - x_{i,t}^d) \tag{2.4}$$

虽然该改进算法与初始版本相比复杂程度并没有太大的增加，但是性能却有了很大的提升，因而被广泛使用。一般地，将该改进算法称为标准粒子群优化算法，而将初始版本的算法称为基本粒子群优化算法。

粒子群优化算法有两种版本，分别称为全局版本和局部版本。在全局版本中，粒子跟踪的两个极值为自身最优位置 p_{best} 和种群最优位置 g_{best}。而在局部版本中，粒子除了追随自身最优位置 p_{best} 之外，不跟踪种群最优位置 g_{best}，而是跟踪拓扑邻域中所有粒子的最优位置。对于局部版本，速度更新公式（2.2）变为

$$v_{i,t+1}^d = \omega v_{i,t}^d + c_1 \times rand \times (p_{i,t}^d - x_{i,t}^d) + c_2 \times rand \times (p_{l,t}^d - x_{i,t}^d) \tag{2.5}$$

式中，p_i 为局部邻域中的最优位置。

每一次迭代过程中任意粒子的迭代过程如图 2.1 所示。从社会学的角度来看速度迭代公式，其中第一部分为粒子受先前速度的影响，表示粒子对当前自身运动状态的信任，依据自身的速度进行惯性运动，因此参数 ω 称为惯性权重；第二部分取决于粒子当前位置与自身最优位置之间的距离，为"认知"部分，表示粒子本身的思考，即粒子的运动来源于自己的经验部分，因此参数 c_1 称为认知学习因子（也可称为认知加速因子）；第三部分取决于粒子当前位置与群体中全局（或局部）最优位置之间的距离，为"社会"部分，表示

粒子间的信息共享与相互合作，即粒子的运动来源于群体中其他粒子经验的部分，它通过认知模拟了较好同伴的运动，因此参数 c_2 称为社会学习因子（也可称为社会加速因子）。

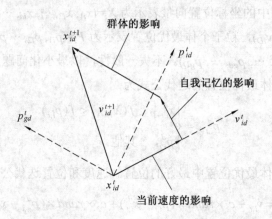

图 2.1   每一次迭代过程中任意粒子的迭代过程

2.1.2   算法伪代码及流程

粒子群优化算法具有编程简单、易实现的特点，下面给出其实现的伪代码：

```
For each particle
    Initialize particle, Initialize velocity V_i and X_i, Evaluate particle fitness value ,Select best
    particle i , set pbest and gbest
END
Do
    For each particle
        Calculate fitness value
        If the fitness value is better than the best fitness value (pBest) in history
            set current value as the new pbest
    End
    Choose the particle with the best fitness value of all the particles as the gbest For each particle
        Calculate particle velocity according equation (2.4)
        Update particle position according equation (2.3)
    End
    While maximum iterations or minimum error criteria is not attained
```

粒子群优化算法流程图如图 2.2 所示。

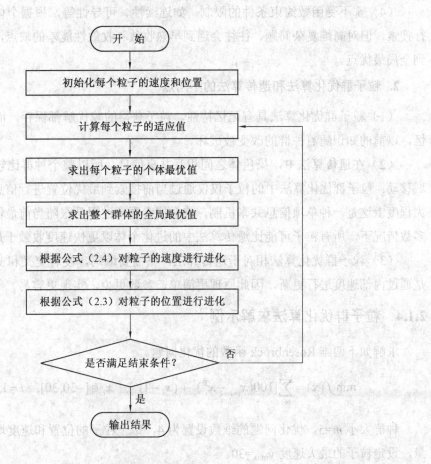

图 2.2　粒子群优化算法流程图

2.1.3　粒子群优化算法和遗传算法的比较

粒子群优化算法和遗传算法都是优化算法，都力图在自然特性的基础上模拟个体种群的适应性，它们都采用一定的变换规则通过搜索解空间来求解问题。

1. 粒子群优化算法和遗传算法的相同点

（1）都属于仿生算法。粒子群优化算法主要模拟鸟类觅食、人类认知等社会行为而提出；遗传算法主要模拟生物进化中"适者生存"的规律。

（2）都属于全局优化方法。两种算法都是在解空间随机产生初始种群，进而在全局的解空间进行搜索，且将搜索重点集中在寻优性能高的部分。

（3）都隐含并行性。它们的搜索过程是从问题解的一个集合开始的，而不是从单个个体开始，具有隐含并行搜索特性，从而减小了陷入局部极小的可能性；并且由于这种并行性，易在并行计算机上实现，以提高算法的性能和效率。

（4）都不受函数约束条件的限制，如连续性、可导性等，根据个体的适应度信息进行搜索，但对高维复杂问题，往往会遇到早熟收敛和收敛性能差的缺点，都无法保证收敛到全局最优点。

2. 粒子群优化算法和遗传算法的不同点

（1）粒子群优化算法具有记忆特性，粒子获得的较优解都保存，而遗传算法没有记忆，以前的知识随着种群的改变被破坏。

（2）在遗传算法中，染色体之间相互共享信息，所以整个种群比较均匀地向最优区域移动。粒子群优化算法中的粒子仅仅通过当前搜索到最优位置进行信息共享，所以在很大程度上这是一种单项信息共享机制，整个搜索更新过程是跟随当前最优解的过程。在大多数情况下，所有粒子可能比遗传算法中的进化个体以更快速度收敛于最优解。

（3）粒子群优化算法相对于遗传算法，不需要编码，没有交叉和变异操作，粒子只是通过内部速度进行更新，因此原理更简单，参数更少，实现更容易。

2.1.4　粒子群优化算法求解示例

求解如下四维 Rosenbrock 函数的优化问题。

$$\min f(\boldsymbol{x}) = \sum_{i=1}^{3}[100(\boldsymbol{x}_{i+1} - \boldsymbol{x}_i^2)^2 + (\boldsymbol{x}_i - 1)^2], \quad \boldsymbol{x}_i \in [-30, 30], \quad i = 1, 2, 3, 4$$

种群大小 m=5，优化问题的维数设置为 4，每个粒子的位置和速度均为 4 维的实数向量，设定粒子的最大速度 v_{max}=30。

对粒子群进行随机初始化，包括随机初始化各粒子的位置和速度。设各粒子的初始位置 $\boldsymbol{x}_i^{(0)}$ 为

$\boldsymbol{x}_1^{(0)} = \{-20.269, 6.119, -2.968, 19.549\}$；

$\boldsymbol{x}_2^{(0)} = \{17.657, -14.222, 24.971, 2.301\}$；

$\boldsymbol{x}_3^{(0)} = \{-11.327, 9.245, -16.261, 29.768\}$；

$\boldsymbol{x}_4^{(0)} = \{1.712, 11.353, 24.800, -25.309\}$；

$\boldsymbol{x}_5^{(0)} = \{-20.061, 14.889, -20.857, -3.439\}$。

初始速度 $v_i^{(0)}$ 包括随机初始化各粒子的速度：

$\boldsymbol{v}_1^{(0)} = \{-23.601, 22.122, -4.115, -21.836\}$；

$\boldsymbol{v}_2^{(0)} = \{27.714, -24.934, 24.639, 22.158\}$；

$\boldsymbol{v}_3^{(0)} = \{-29.722, -6.013, -19.089, 4.782\}$；

$\boldsymbol{v}_4^{(0)} = \{16.495, -14.408, -14.172, 2.992\}$；

$v_5^{(0)} = \{19.038, 18.004, -21.268, -21.303\}$。

初始位置：$x_1^{(0)}$，$x_2^{(0)}$，$x_3^{(0)}$，$x_4^{(0)}$，$x_5^{(0)}$。

初始速度：$v_1^{(0)}$，$v_2^{(0)}$，$v_3^{(0)}$，$v_4^{(0)}$，$v_5^{(0)}$。

按照 $f(x) = \sum_{i=1}^{3} [100(x_{i+1} - x_i^2)^2 + (x_i - 1)^2]$ 计算每个粒子的适应值，即

$f(x_1^{(0)}) = 4.013\text{E}+07$；　$f(x_2^{(0)}) = 1.655\text{E}+07$；　$f(x_3^{(0)}) = 5.439\text{E}+07$；

$f(x_4^{(0)}) = 7.960\text{E}+06$；　$f(x_5^{(0)}) = 4.210\text{E}+07$。

群体历史最优解 $p_g = x_4^{(0)}$，个体历史最优解 $p_i = x_i^{(0)}$，$i = 1, 2, 3, 4, 5$，更新粒子的速度和位置，取 $c_0 = 1$，$c_1 = c_2 = 2$，得到速度和位置的更新函数为

$$v_{k+1} = 1 \times v_k + 2 \times r_1(p_k - x_k) + 2 \times r_2(p_g - x_k), \quad x_{k+1} = x_k + v_{k+1}$$

群体历史最优解 $p_g = x_4^{(0)}$，个体历史最优解 $p_i = x_i^{(0)}$，$i = 1, 2, 3, 4, 5$，更新速度得

$v_1^{(1)} = \{-6.099, 20.033, -19.542, -3.222\}$；

$v_2^{(1)} = \{-9.527, 5.892, 26.922, 44.366\}$；

$v_3^{(1)} = \{-18.735, -7.059, -11.164, 3.525\}$；

$v_4^{(1)} = \{13.621, -15.369, -15.978, 15.825\}$；

$v_5^{(1)} = \{27.423, 1.996, -4.575, 0.501\}$。

其中，$v_2^{(1)}$ 的 44.366 超过 $v_{max} = 30$，则设置 $v_2^{(1)} = \{-9.527, 5.892, 26.922, 30\}$。更新位置得

$x_1^{(1)} = \{-26.368, 26.152, -22.510, 16.327\}$；

$x_2^{(1)} = \{8.130, -8.330, 1.951, 30.000\}$；

$x_3^{(1)} = \{-30.000, 2.186, -27.426, 30.000\}$；

$x_4^{(1)} = \{15.333, -4.016, 8.822, -9.485\}$；

$x_5^{(1)} = \{7.362, 16.885, -25.433, -2.938\}$。

其中，超过寻优界限[-30, 30]的设置为-30 或 30。

按照 $f(x) = \sum_{i=1}^{3} [100(x_{i+1} - x_i^2)^2 + (x_i - 1)^2]$ 计算适应值：

$f(x_1^{(1)}) = 1.655\text{E}+07$；　$f(x_2^{(1)}) = 1.078\text{E}+06$；　$f(x_3^{(1)}) = 7.960\text{E}+06$；

$f(x_4^{(1)}) = 6.485\text{E}+06$；　$f(x_5^{(1)}) = 4.013\text{E}+07$。

重复上述步骤，将迭代进行下去。经过 1 000 次迭代，粒子群优化算法得到了比较好的适应值。图 2.3 为该优化函数的图形及粒子群优化算法求解最优解的收敛曲线。

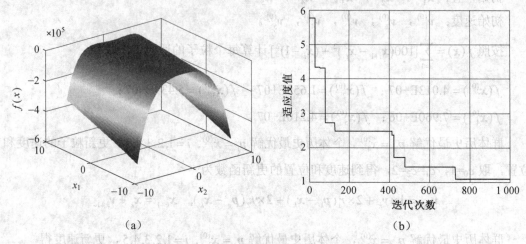

(a)　　　　　　　　　　　　　　　(b)

图 2.3　优化函数图形及收敛曲线

2.1.5　粒子群参数分析及改进算法

目前在算法的理论研究方面，粒子群优化算法还没有成熟的理论分析，少部分研究者对算法的收敛性进行了分析，大部分研究者在算法的结构和性能改善方面进行研究，包括参数分析、拓扑结构、粒子多样性保持、算法融合和性能比较等。粒子群优化算法由于具有简单、易于实现、设置参数少、无须梯度信息等特点，其在连续非线性优化问题和组合优化问题中都表现出良好的效果。粒子群优化算法的参数主要包括最大速度、两个加速常数和惯性权值等。

（1）最大速度的选择。如式（2.4）所示的粒子速度是一个随机变量，由粒子位置更新公式（2.3）产生的运动轨迹是不可控的，使得粒子在问题空间循环跳动。为了抑制这种无规律的跳动，速度往往被限制在$[-v_{max}, v_{max}]$。v_{max} 增大，有利于全局探索；v_{max} 减小，则有利于局部开发。但是 v_{max} 过高，粒子运动轨迹可能失去规律性，甚至越过最优解所在区域，导致算法难以收敛而陷入停滞状态；相反，v_{max} 太小，粒子运动步长太短，算法可能陷入局部极值。v_{max} 的选择通常凭经验给定，并一般设定为问题空间的 10%～20%。此外，还有学者提出了动态调节方法以改善算法性能。

（2）加速常数的选择。式（2.4）中的加速常数 c_1 和 c_2 分别用于控制粒子指向自身或邻域最佳位置的运动。有文献建议 $\varphi = c_1 + c_2 \leqslant 4.0$，并通常取 $c_1 = c_2 = 2$。也有学者提出自适应调整策略，以改善算法过早收敛问题。

（3）惯性权值的选择。当粒子群优化算法的速度更新公式采用式（2.4）时，即使 v_{max} 和两个加速常数选择合适，粒子仍然可能飞出问题空间，甚至趋于无穷大，发生群体"爆炸"现象。有两种方法控制这种现象：惯性权值和收缩因子。有文献建议惯性权值随着更新代数的增加从 0.9 线性递减至 0.4。近年来，有学者通过采用随机近似理论分析粒子群优化算法的动态行为，提出了一种随更新代数递减至 0 的取值策略，以提高算法的搜索能力。常用的 3 种权重改进算法如下：

1. 权重线性递减粒子群优化算法（Linear Decreasing Weight Particle Swarm Optimization，LDWPSO）

$$\omega = \omega_{\max} - \frac{t \times (\omega_{\max} - \omega_{\min})}{t_{\max}}, \quad \omega_{\max} = 0.9, \quad \omega_{\min} = 0.4 \quad (2.6)$$

2. 自适应权重粒子群优化算法（Adaptive Weight Particle Swarm Optimization，AWPSO）

$$\omega = \begin{cases} \omega_{\min} - \dfrac{(\omega_{\max} - \omega_{\min}) \times (f - f_{\min})}{f_{\text{avg}} - f_{\min}}, & f \leqslant f_{\text{avg}} \\ \omega_{\max}, & f > f_{\text{avg}} \end{cases} \quad (2.7)$$

式中，f 为适应度函数。

当各粒子的目标值趋于一致或趋于局部最优时，将使惯性权重增大，而各粒子的目标值比较分散时，使惯性权重减小，同时对于目标函数值优于平均目标值的粒子，其对应的惯性权重因子较小，从而保留了该粒子；反之，对于目标函数值劣于平均目标值的粒子，其对应的惯性权重因子较大，使得该粒子向较好的搜索区域靠拢。

3. 带收缩因子的粒子群优化算法（Contractile Factor Particle Swarm Optimization，CFPSO）

带收缩因子的粒子群优化算法由 Clerc 和 Kennedy 提出，其形式最简单的速度更新公式为

$$v_{ij}t = x\{v_{ij}(t-1) + c_1 r_1 [p_{ij} - x_{ij}(t-1)] + c_2 r_2(t)[p_{ij} - x_{ij}t(t-1)]\} \quad (2.8)$$

式中

$$x = \frac{2}{2 - \varphi - \sqrt{\varphi^2 - 4\varphi}}, \quad \varphi = c_1 + c_2 > 4.0$$

典型的取法有 $c_1 = c_2 = 2.05$，$\varphi = 4.1$，$x = 0.729$，这在形式上等效于 $\omega = 0.729$，$c_1 = c_2 = 1.494\ 45$ 的粒子群优化算法。

对比粒子群优化算法、权重线性递减的粒子群优化算法、自适应权重的粒子群优化算法和带收缩因子的粒子群优化算法 4 种算法，采用以下 4 个函数进行测试。4 个优化图形如图 2.4 所示。

（1）Sphere 函数。

$$f_1 = \sum_{i=1}^{n} x_i^2, \quad -5.12 \leqslant x_i \leqslant 5.12, n = 30$$

（2）Ackley 函数。

$$f_2 = 20 + \exp(1) - 20\exp\left(-\frac{1}{5}\sqrt{\frac{1}{n}\sum_{i=1}^{n} x_i^2}\right) - \exp\left[\frac{1}{n}\sum_{i=1}^{n}\cos(2\pi x_i)\right], \quad |x_i| \leqslant 32.768, n = 30$$

（3）Griewank 函数。

$$f_3 = \frac{1}{4\,000}\sum_{i=1}^{n} x_i^2 - \prod_{i=1}^{n}\cos\left(\frac{x_i}{\sqrt{i}}\right) + 1, \quad -600 \leqslant x_i \leqslant 600, n = 30$$

（4）Rastrigin 函数。

$$f_4 = \sum_{i=1}^{n}[x_i^2 - 10\cos(2\pi x_i)] + 10n; \quad |x_i| \leqslant 5.12, n = 30$$

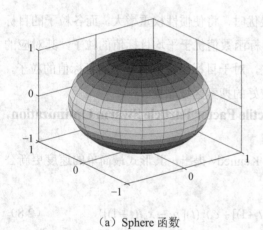

（a）Sphere 函数

（b）Ackley 函数

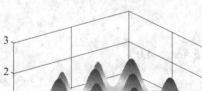

（c）Griewank函数

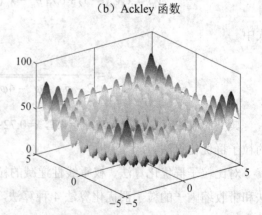

（d）Rastrigin函数

图 2.4　4 个优化函数图形

　　设置 4 种算法的粒子个数均为 100，迭代次数都是 300，基本粒子群优化算法的 $c_1=c_2=2$，$\omega=0.6$；线性递减粒子群优化算法的 $c_1=c_2=2$，权重 ω 从 0.9 递减到 0.2；自适应权重粒子群优化算法的 $c_1=c_2=2$，权重 ω 的变化范围为 $0.2\sim0.9$；带收缩因子粒子群优化算法的 $c_1=c_2=2.05$。4 种粒子群优化算法收敛曲线对比如图 2.5 所示。

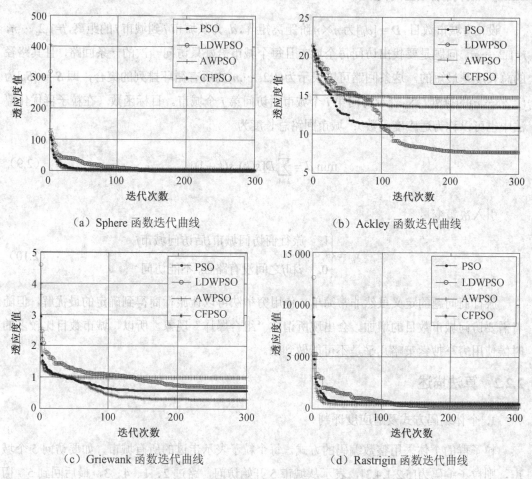

（a）Sphere 函数迭代曲线　　　　　　　　（b）Ackley 函数迭代曲线

（c）Griewank 函数迭代曲线　　　　　　　（d）Rastrigin 函数迭代曲线

图 2.5　4 种粒子群优化算法收敛曲线对比

2.2　粒子群优化算法求解旅行商问题

　　旅行商问题是一个典型的 NP 问题，也是一个典型的组合优化问题。旅行商问题描述如下：给定 n 个城市及两两城市之间的距离，求一条经过各城市一次且仅一次的最短路线。对于 n 个城市的旅行商问题，存在着 $(n-1)!/2$ 条可能的路径，随着城市数目 n 的增长，可能路径的数目以 n 的指数倍增加。如果使用穷举法搜索，需要考虑所有可能的情况，并两两比较找出最优解，那么可搜索的路径及距离之和的计算量将正比于 $n!/2$，算法的复杂度呈指数增长，要求出旅行商问题的最优化解是很困难的，这也是该问题被认为是 NP 问题的原因。旅行商问题具有很高的实际应用价值，例如，城市管道铺设优化、物流行业中的车辆调度优化、制造业中的切割路径优化以及电力系统配电网络重构等现实生活中的很多优化问题均可以归结为旅行商问题来求解。

2.2.1 旅行商问题的定义

设 n 为城市数目，$\boldsymbol{D} = [d_{ij}]$ 为 $n \times n$ 阶距离矩阵，d_{ij} 为从城市 i 到城市 j 的距离，$i=1,2,\cdots,n$，$j=1,2,\cdots,n$，问题是要找出访问每个城市且每个城市恰好只访问一次的一条回路，且其路径的总长度是最短的。这条回路可以表示为 $(1,2,\cdots,n)$ 的所有循环排列的集合，即 $\boldsymbol{S} = [S_{ij}]$ 为 $(1,2,\cdots,n)$ 的排列，S_{ij} 表示访问第 i 个城市后访问第 j 个城市。目标函数（在粒子群优化算法中也可以称为适应度函数）：城市回路总长度为

$$\min d = \sum_{k=1}^{n-1} D[s(k), s(k+1)] \tag{2.9}$$

引入决策变量

$$x_{ij} = \begin{cases} 1, & \text{旅行商访问城市} i \text{后访问城市} j \\ 0, & i \text{和} j \text{之间没有路径, 不能访问} \end{cases} \tag{2.10}$$

旅行商问题的定义虽然非常简单，使用穷举法可以让旅行商得到确定的最优解，但随着需要访问城市数目的增加，会出现所谓的"组合爆炸"现象。所以，城市数目比较多的时候使用穷举搜索策略几乎是不可能做到的。

2.2.2 算法描述

1. 个体编码方式及适应度评判

粒子群的个体采用整数编码的方式，每个粒子表示走过的所有城市，如要访问 5 个城市，则粒子编码为[5,2,1,4,3]，表示从城市 5 开始访问，路过 2、1、4、3，最后回到 5。衡量粒子的优劣采用公式（2.9）。

2. 粒子群个体交叉方式

粒子通过个体最优粒子和全局最优粒子交叉来进行更新。先通过随机方式选择交叉位置，再把粒子和个体最优粒子或全局最优粒子进行交叉。产生的新粒子如果存在重复位置则进行调整，具体方法就是用粒子中未包含的城市代替重复包括的城市。如果新生成的粒子优于之前的粒子则更新。

3. 粒子群个体变异操作

变异方式采用个体内部两个位置互换的方法，先随机选择变异的两个位置，再把这两个位置进行互换。同样对于变异操作计算新粒子的适应值，如果较优则替换原粒子。

2.2.3　实验结果与参数设置

设 51 个城市的二维坐标分布为：city51=[37 52;49 49;52 64;20 26;40 30;21 47;17 63;31 62;52 33;51 21;42 41;31 32;5 25;12 42;36 16;52 41;27 23;17 33;13 13;57 58;62 42;42 57;16 57;8 52;7 38;27 68;30 48;43 67;58 48;58 27;37 69;38 46;46 10;61 33;62 63;63 69;32 22;45 35;59 15;5 6;10 17;21 10;5 64;30 15;39 10;32 39;25 32;25 55;48 28;56 37;30 40]。

优化收敛曲线及路径如图 2.6 所示。

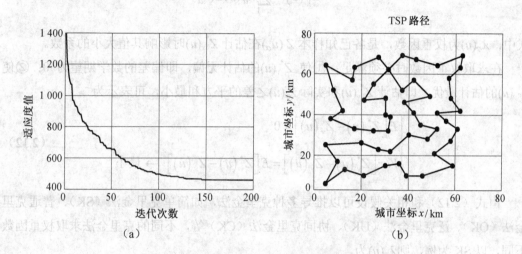

图 2.6　优化收敛曲线及路径

2.3　粒子群优化算法在克里金三维地质建模中的应用

克里金法（Kriging）是对空间分布的数据求线性最优、无偏内插估计的一种方法。该方法不仅考虑待估点位置与已知数据位置的相互关系，还考虑变量的空间相关性，能反映地质规律，与距离反比加权法相比，具有减弱从聚效应、严格对称性和屏蔽效应的优点。克里金法求解过程中，变差函数的拟合方法直接影响插值精度，传统上通过手工描绘变差函数逼近实验变差函数，人为误差大，模型参数较为粗糙。一些学者提出自动拟合方法，如最小二乘法、带有加权系数的最小二乘法、面积加权法、约束极大似然法、遗传算法等确定变差函数和协方差参数，虽然比简单的最小二乘法有所改进，但是并没有完全解决估值中存在的问题，且计算量和复杂度都有不同程度的增加。粒子群优化算法保留了基于种群的全局搜索策略，其速度-位移模型操作简单，并采用自适应局部搜索算法进行有效的局部区域搜索。该算法存在早熟现象，尤其是在比较复杂的多峰搜索问题中尤为突出。将基本粒子群优化算法进行改进，用来估算变差函数的参数，使得克里金法的变差函数模型的参数估计更合理，地质模型更精确。

2.3.1　克里金法的原理及步骤

假设 u 是所研究区域内任一点，$Z(u)$ 是该点的测量值，在所研究的区域内总共有 n 个实测点，即 $u_1, u_2, \cdots, u_a, \cdots, u_n$，对于任意待估点或待估块段 V 的实测值 $Z_v(u)$，其估计值 $Z_v^*(u)$ 是通过待估点或待估块段影响范围内的 n 个有效样本值 $Z_\alpha(u)$ $(\alpha=1,2,\cdots,n)$ 的线性组合表示，即

$$Z_v^*(u) = \sum_{\alpha=1}^{n} \lambda_\alpha(u) Z(u_\alpha) \tag{2.11}$$

式中，$\lambda_\alpha(u)$ 为权重因数，是各已知样本 $Z(u_\alpha)$ 在估计 $Z_v^*(u)$ 时影响其值大小的系数。

在求取权重因数时必须满足：①使 $Z_v^*(u)$ 的估计无偏，即偏差的数学期望为 0；②使 $Z_v^*(u)$ 的估计最优，即估计 $Z_v^*(u)$ 和实际 $Z_v(u)$ 之差的平方和最小，可表示为

$$\begin{cases} E\left[Z_v^*(u) - Z_v(u)\right] = 0 \\ Var\left[Z_v^*(u) - Z_v(u)\right] = E\left[Z_v^*(u) - Z_v(u)\right]^2 \to 最小 \end{cases} \tag{2.12}$$

由式（2.12）和相关假设可以推导多种克里金法，如简单克里金法（SK）、普通克里金法（OK）、泛克里金法（UK）、协同克里金法（CK）等，不同的克里金法求取权重因数不同，以 SK 为例，则 $\lambda_\alpha(u)$ 为

$$\sum_{\alpha=1}^{n} \lambda_\alpha(u) C(u_\alpha, u_\beta) = C(u_0, u_\beta), \quad \beta = 1, 2, \cdots, n \tag{2.13}$$

其矩阵形式为

$$\begin{pmatrix} c_{11} & c_{12} & \cdots & c_{1n} \\ c_{21} & c_{22} & \cdots & c_{2n} \\ \vdots & \vdots & & \vdots \\ c_{21} & c_{22} & \cdots & c_{nn} \end{pmatrix} \begin{Bmatrix} \lambda_1 \\ \lambda_2 \\ \vdots \\ \lambda_n \end{Bmatrix} = \begin{Bmatrix} c_{01} \\ c_{02} \\ \vdots \\ c_{0n} \end{Bmatrix}$$

其中 $c_{i,j}$ 为节点 i 与节点 j 的协方差函数，u_0 节点为未知节点，协方差函数与变差函数之间的关系为 $C(h) = C(0) - \gamma(h)$。欲求 $c_{i,j}$ 首先计算变差函数，变差函数在地质统计学中能够反映区域化变量的空间变化特征，特别是通过随机性能反映区域化变量的结构性。因此，对区域化变量进行结构分析是先计算实验变差函数，再拟合一个理论变差函数的模型，常用的有球状模型、指数模型、高斯模型、幂函数模型、空洞效应模型等。以球状模型为例

$$\gamma(h) = c \times Sph\left(\frac{h}{a}\right) = \begin{cases} 0, & h = 0 \\ c \times \left[\frac{3h}{2a} - \frac{1}{2}\left(\frac{h}{a}\right)^3\right], & 0 < h \leqslant a \\ c, & h > a \end{cases} \tag{2.14}$$

式中，h 为滞后距（两节点之间的空间距离）；c 为基台值（块金值 c_0 和拱高 c_c 之和）；a 为变程。

克里金插值计算步骤为：

（1）初始化节点与搜索半径。

（2）以待估节点为中心，搜索参加估值的节点。

（3）计算待估节点与参加估值各节点的变差函数值，并建立方程组。

（4）使用高斯列主元消去法求解方程组的解。

（5）将计算的加权系数代入公式 $Z^*(u) = \sum\limits_{\alpha=1}^{n} \lambda_\alpha(u) Z(u_\alpha)$。

估计值的精确性取决于变差函数拟合模型的 3 个参数（c_0、c_c 和 a），使用最小二乘法时，实验变差函数曲线上所有点对于理论变差函数曲线的计算贡献相等；但是，实验变差函数曲线尾部处点的可靠性很差，如果数据点数目不充分、几何空间分布不均匀，实验变差函数曲线在原点附近部分的可靠性很差，不利于计算机自动化实现。采用基于线性递减权值策略（LDIW）的粒子群优化算法进行参数的最优估计可以取得较好效果。

2.3.2　基于 LDIW–PSO 算法的参数估计

粒子群优化算法源于对鸟群捕食的行为研究，粒子群优化中每个优化问题的解都是搜索空间中的一只鸟，称之为"粒子"。所有的粒子有一个由被优化的函数决定的适应值，粒子更新自己的速度和新的位置公式为

$$
\begin{cases}
v_i(t+1) = v_i(t) + c_1 rand_1[p_p(t) - x_i(t)] + c_2 rand_2[p_g(t) - x_i(t)] \\
x_i(t+1) = x_i(t) + v_i(t+1)
\end{cases} \tag{2.15}
$$

式中，$rand_1$ 和 $rand_2$ 分别为介于（0，1）之间的随机数；c_1、c_2 为加速常数，通常为 0~2，c_1 为调节微粒飞向自身最好位置方向的步长，c_2 为调节微粒飞向全局最好位置方向的步长，为了减少微粒离开搜索空间的可能性，微粒的速度被限定为 $[-v_{max}, v_{max}]$；p_p 为先前定义的个体极值 p_{best}；p_g 为先前定义的全局极值 g_{best}。

为改善基本粒子群优化算法的局部搜索能力差的缺点，在式（2.15）的速度项引入了惯性权值 ω，将式（2.15）的速度项变为

$$
V_i(t+1) = \omega V_i(t) + c_1 rand_1[p_p(t) - X_i(t)] + c_2 rand_2[p_g(t) - X_i(t)] \tag{2.16}
$$

基本粒子群优化算法可看作是 $\omega = 1$ 的情况，惯性权重取值较大时，全局寻优能力强，局部寻优能力弱；反之，局部寻优能力强，全局寻优能力弱。若惯性因子参数太大，粒子群可能错过最优解，导致算法不收敛或不能收敛到最优解。为平衡算法的全局和局部的搜索能力，一些学者提出线性递减权值（LDIW）策略、随机惯性权值（RIW）策略和退化

混沌变异策略等。从速度和精度的应用角度出发，在迭代过程中采用 LDIW 策略线性地减小 ω 值，递减公式为

$$\omega = \omega_{\max} - \frac{\omega_{\max} - \omega_{\min}}{t_{\max}} \times t \tag{2.17}$$

式中，$\omega_{\max}$、$\omega_{\min}$ 分别为 ω 的最大值和最小值；t、$t_{\max}$ 分别为当前迭代次数和最大迭代次数。

采用数理统计中均方误差作为适应度函数，即

$$f = \sqrt{\frac{\sum_{i=0}^{N}\left[Z_v^*(u) - Z_v(u)\right]^2}{N}} \rightarrow 最小 \tag{2.18}$$

计算步骤如下：

（1）初始化设置粒子群的规模、学习最大迭代次数 M 和适应度误差精度 $\varepsilon > 0$，惯性权值 ω 和速度变化区域等。

（2）随机初始化各粒子的变差函数拟合模型的 3 个参数（c_0、c_c 和 a）的初始位置和初始速度。

（3）评价每个微粒的适应值，即先通过克里金插值步骤计算估计值，再根据式（2.18）计算每个微粒的目标适应值，并将 p_{best}、g_{best} 置为计算值。

（4）对于每个微粒，将其适应值与所经历过的最好位置 p_{best} 的适应值进行比较，若较好，则将其作为当前的最优位置。

（5）对于每个微粒，将其适应值与群体所经历过的最好位置 g_{best} 的适应值进行比较，若结果较好，则将其作为当前的全局最优位置。

（6）根据式（2.15）～（2.17）更新粒子的位置和速度。

（7）若满足停止条件，则搜索停止，输出全局最优位置，即 g_{best} 为所求的模型参数；否则，返回步骤（3）继续搜索。

2.3.3　二维平面地质建模

采用 VS.NET 2005 和 OpenInventor 自主开发三维地质建模软件，前者实现算法，后者进行图形显示。利用某油田小层数据中渗透率值作为实验的样本数据，将研究区域划分为 200×200 个网格，以插值点作为网格的值进行建模属性，并点搜索半径取值为 1 000 m，粒子群参数：M=10 000，$\omega_{\max} = 0.9$，$\omega_{\min} = 0.4$，c_0、c_c 和 a 搜索区间由手动拟合确定。用最小二乘法自动拟合、手动拟合和粒子群优化拟合对小层建模进行对比，拟合后的 3 个参数见表 2.1，真实值与克里金插值计算结果误差曲线如图 2.7 所示（只列出 P11 小层和 S14 层）。不同拟合方法二维小层建模如图 2.8 所示。

表 2.1 不同拟合方法拟合参数

层号	拟合方法	块金值 c_0	拱高 c_c	变程 a
S14	最小二乘法	0.011 20	0.257 8	875.68
	手动拟合	0.001 15	0.156 8	879.24
	粒子群优化算法	0.001 24	0.156 6	801.47
P11	最小二乘法	0.134 90	0.513 6	986.33
	手动拟合	0.146 90	0.963 8	956.38
	粒子群优化算法	0.142 60	0.935 6	998.64
P12	最小二乘法	0.145 60	0.257 3	876.45
	手动拟合	0.125 00	0.227 0	956.34
	粒子群优化算法	0.154 00	0.214 0	989.67

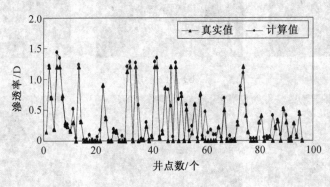

（a）P11 小层

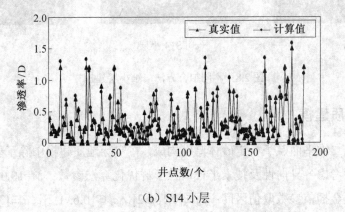

（b）S14 小层

图 2.7 真实值与克里金插值计算结果误差曲线

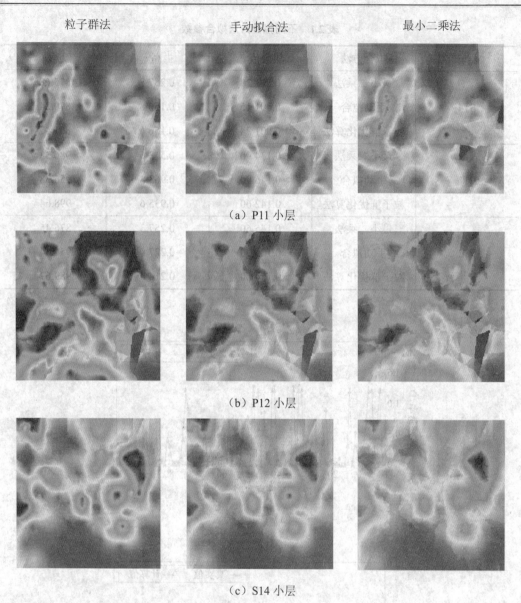

粒子群法　　　　　　手动拟合法　　　　　　最小二乘法

（a）P11 小层

（b）P12 小层

（c）S14 小层

图 2.8　不同拟合方法二维小层建模

2.3.4　三维地质建模

三维模型由二维平面赋予一定砂体厚度构成，在实际地质建模中除了要模拟平面小层地质规律，还要考虑各异向性及搜索半径，粒子群优化算法参数：$M=10\,000$，$\omega_{max}=0.9$，$\omega_{min}=0.4$；克里金插值参数取值区间：$c_0\in[0.1, 0.2]$，$c_c\in[0.6, 1.2]$，$a\in[300\text{ m}, 600\text{ m}]$，搜索半径为$[300\text{ m}, 600\text{ m}]$，搜索角度为$[-45°, 45°]$。优化后的参数：块金值为 0.137 8，拱高为 0.911 1，变程为 520.00 m；椭圆搜索半径：x 轴为 435.27 m，y 轴为 500.00 m，搜索角度为$-2.657°$，各异向性为 0.987，角度为 37.706°。三维地质建模结果如图 2.9 所示。

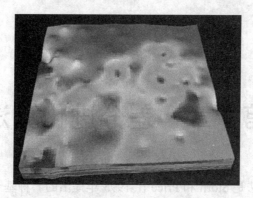

图 2.9　三维地质建模结果

由克里金插值得到的地质模型所绘制的色差直方图能够再现原始小层数据渗透率中的直方图分布特征，得到的地质模型较好地保持其非均质性，符合油田区块地质规律，对提高油藏模拟、剩余油定量描述的精度具有重要意义。

本章小结

目前，粒子群优化算法的发展趋势主要有：

（1）粒子群优化算法的改进。粒子群优化算法在解决空间函数的优化问题和单目标优化问题上应用得比较多，如何应用于离散空间优化问题和多目标优化问题将是粒子群优化算法的主要研究方向。如何充分结合其他进化类算法发挥优势，改进粒子群优化算法的不足也是值得研究的。

（2）粒子群优化算法的理论分析。粒子群优化算法提出的时间不长，数学分析不够成熟和系统，存在许多不完善和未涉及的问题，对算法运行行为、收敛性、计算复杂性的分析比较少。如何知道参数的选择和设计，如何设计适应值函数，如何提高算法在解空间的搜索效率以及对算法模型本身的研究，都需要在理论上进行更深入的研究。这些都是粒子群优化算法的研究方向之一。

（3）粒子群优化算法的生物学基础。如何根据群体进化行为完善算法，将群体智能引入算法中，借鉴生物群体进化规则和进化的智能性也是学者关注的问题。

（4）粒子群优化算法与其他进化类算法的比较研究。如何与其他进化算法融合，如何将其他进化算法的优点与粒子群优化算法相结合，构造出有特色、有实用价值的混合算法，是当前算法改进的一个重要方向。

（5）粒子群优化算法的应用。粒子群优化算法的有效性必须在应用中才能体现，广泛地开拓粒子群优化算法的应用领域，也对深入研究粒子群优化算法非常有意义。

第 3 章 差分进化算法

差分进化（DE）算法是 Storn 和 Price 在 1995 年提出的一种基于种群差异的进化算法，差分进化算法和其他进化算法一样，都是基于群体智能理论的优化算法，利用群体内个体之间的合作与竞争产生的群体智能模式来指导优化搜索的进行。差分进化采用实数编码、基于差分的简单变异操作和一对一的竞争生存策略，降低了进化操作的复杂性。差分进化算法特有的进化操作使其具有较强的全局收敛能力和鲁棒性，非常适合求解一些复杂环境中的优化问题。

3.1 差分进化算法原理

差分进化算法的基本思想是：从某一随机产生的初始群体开始，通过把种群中任意两个个体的向量差加权后按一定的规则与第三个个体求和来产生新个体，然后将新个体与当代种群中某个预先决定的个体相比较，如果新个体的适应度值优于与之相比较的旧个体的适应度值，则在下一代中就用新个体取代旧个体，否则旧个体仍保存下来，通过不断地迭代计算，保留优良个体，淘汰劣质个体，引导搜索过程向最优解逼近。构成差分进化算法的要素主要有个体适应度评价、差分操作和参数设置。与传统的优化方法相比，差分进化算法具有以下特点：

（1）差分进化算法不是从一个单点开始搜索，而是从一个群体开始搜索。

（2）差分进化算法直接对结构对象进行操作，不存在对目标函数的限定（如要求函数可导或连续）。

（3）差分进化算法具有内在的并行性，因此可以充分利用计算机的并行训练计算能力。

（4）差分进化算法采用概率转移规则，不需要确定性的规则。

3.1.1 适应度函数

在差分进化算法中，差分操作主要通过适应度函数的优劣来实现。适应度函数是用来评估个体相对于整个群体优劣的相对值的大小，通常需要根据具体的问题定义适应度函数。

3.1.2　差分进化算法的 3 种差分操作

差分进化算法的基本操作包括变异（Mutation）、交叉（Crossover）和选择（Selection）3 种。随机选择两个不同的个体矢量相减生成差分矢量，将差分矢量赋予权值之后加到第三个随机选择的个体矢量上生成变异矢量，该操作称为变异。变异矢量与目标矢量进行参数混合生成试验矢量，这一过程称之为交叉。如果试验矢量的适应度函数值优于目标矢量的适应度函数值，则用试验矢量取代目标矢量而形成下一代，该操作称为选择。在每一代的进化过程中，每一个个体矢量作为目标矢量一次。初始种群是在搜索空间随机生成的，一般采用均匀分布的随机函数来产生，差分进化算法的基本策略描述如下。

（1）变异操作。

差分进化算法最基本的变异成分是父代的差分矢量，每个矢量对包括父代（第 t 代）群体中两个不同的个体（$x_{r_1}^t$，$x_{r_2}^t$）差分矢量定义为

$$D_{r1,2} = x_{r_1}^t - x_{r_2}^t \tag{3.1}$$

式中，r_1 和 r_2 分别为种群中两个不同的个体的索引号。将差分矢量加到另一个随机选择的个体矢量上，就生成了变异矢量。对每一个目标矢量 x_i^t，变异操作为

$$v_i^{t+1} = x_{r_3}^t + F \times (x_{r_1}^t - x_{r_2}^t) \tag{3.2}$$

式中，r_1, r_2, $r_3 \in \{1, 2, \cdots, NP\}$ 为互不相同的整数，且 r_1、r_2、r_3 与当前目标矢量索引 i 不同，因此种群规模 $NP \geqslant 4$；F 为缩放因子，取值范围为 $[0,2]$，以控制差分矢量的缩放程度。变异矢量生成过程示意图，如图 3.1 所示。

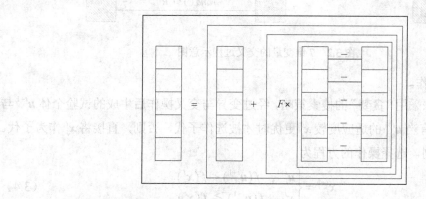

图 3.1　变异矢量生成过程示意图

（2）交叉操作。

对于群体中目标矢量个体 x_i^t，将与变异矢量 v_i^{t+1} 进行交叉操作产生试验个体 u_i^{t+1}。为保证个体 x_i^t 的进化，首先通过随机选择使得 u_i^{t+1} 至少有一位由 v_i^{t+1} 贡献，而对于其他位可

利用一个交叉概率因子 CR，决定 $\boldsymbol{u}_i^{t+1}$ 中哪位由 $\boldsymbol{v}_i^{t+1}$ 贡献，哪位由 $\boldsymbol{x}_i^t$ 贡献。交叉操作的方程为

$$u_{ij}^{t+1} = \begin{cases} v_{ij}^{t+1}, & rand(j) \leqslant CR \ \text{or} \ j = randn(i) \\ x_{ij}^t, & rand(j) > CR \ \text{and} \ j \neq randn(i) \end{cases} \tag{3.3}$$

式中，$rand(j) \in [0,1]$ 为均匀分布的随机数，j 表示第 j 个变量（基因）；CR 为交叉概率常数，其取值范围为 $[0,1]$；$randn(i)$ 为随机选择的维数变量索引，$randn(i) \in [1, 2, \cdots, D]$，以保证试验矢量至少有一维变量由变异矢量贡献，否则试验矢量有可能与目标矢量相同而不能生成新个体。由式（3.3）可知，CR 越大，$\boldsymbol{v}_i^{t+1}$ 对 $\boldsymbol{u}_i^{t+1}$ 的贡献越多，当 $CR=1$ 时，$\boldsymbol{u}_i^{t+1} = \boldsymbol{v}_i^{t+1}$，有利于局部搜索和加速收敛速率；$CR$ 越小，$\boldsymbol{x}_i^t$ 对 $\boldsymbol{u}_i^{t+1}$ 的贡献越多，当 $CR=0$ 时，$\boldsymbol{u}_i^{t+1} = \boldsymbol{x}_i^t$，有利于保持种群的多样性和全局搜索。由此可见，在保持种群多样性与收敛速率之间是矛盾的。图 3.2 为一个 7 维变量的交叉过程示意图。

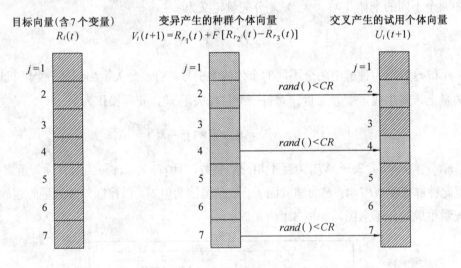

图 3.2　7 维变量的交叉过程示意图

（3）选择操作。

差分进化算法采用"贪婪"的搜索策略，经过变异与交叉操作后生成的试验个体 $\boldsymbol{u}_i^{t+1}$ 与 $\boldsymbol{x}_i^t$ 进行竞争，只有当 $\boldsymbol{u}_i^{t+1}$ 的适应度较 $\boldsymbol{x}_i^t$ 更优时才被选作子代，否则，直接将 $\boldsymbol{x}_i^t$ 作为子代。以最小化优化为例，选择操作的方程为

$$x_i^{t+1} = \begin{cases} \boldsymbol{u}_i^{t+1}, & f(\boldsymbol{u}_i^{t+1}) < f(\boldsymbol{x}_i^t) \\ \boldsymbol{x}_i^t, & f(\boldsymbol{u}_i^{t+1}) \geqslant f(\boldsymbol{x}_i^t) \end{cases} \tag{3.4}$$

3.1.3　差分进化算法流程及伪代码

（1）初始化参数：种群规模 NP；缩放因子 F；变异因子 CR；空间维数 D；进化代数 $t=0$。

（2）随机初始化初始种群 $X(t) = \{x_1^t, x_2^t, \cdots, x_{NP}^t\}$，其中 $\boldsymbol{x}_i^t = (x_{i1}^t, x_{i2}^t, \cdots, x_{iD}^t)^{\mathrm{T}}$。

（3）个体评价：计算每个个体的适应度值。

（4）变异操作：按式（3.2）对每个个体进行变异操作，得到变异个体 v_i^t。

（5）交叉操作：按式（3.3）对每个个体进行交叉操作，得到试验个体 u_i^t。

（6）选择操作：按式（3.4）从父代个体 x_i^t 和试验个体 u_i^t 中选择一个作为下一代个体。

（7）终止检验：由上述产生的新一代种群 $X(t+1) = \{x_1^{t+1}, x_2^{t+1}, \cdots, x_{NP}^{t+1}\}$，设 $X(t+1)$ 中的最优个体为 x_{best}^{t+1}，如果达到最大进化代数或满足误差要求，则停止进化并输出 x_{best}^{t+1} 为最优解，否则令 $t = t+1$，转步骤（3）。

具体伪代码如下：

```
Input: Population:M; Dimension: D; Generation: T
Output: The best vector (solution) – Δ
t←1(initialization);
for i=1 to M do
    for j=1 to D do
        x_{i,t}^j = x_{min}^j + rand(0,1)*( x_{max}^j - x_{min}^j );
    end
end
while ( |f(Δ)|≥ε:) or (t≤T) do
    for i=1 to M do
        (Mutation and Crossover)
        for j=1 to D do
            v_{i,t}^j =Mutation( x_{i,t}^j );
            v_{i,t}^j =Crossover( x_{i,t}^j , v_{i,t}^j );
        end
        (Greedy Selection)
        if f(u_{i,t})< f(x_{i,t}) then
            x_{i,t}←u_{i,t};
            if f(x_{i,t}) < f(Δ) then
                Δ← x_{i,t}
            end
        else
            x_{i,t} ← x_{i,t}
        end
    end
    t←t+1;
end
return the best vector Δ
```

3.1.4 差分进化算法的扩展形式

基本差分进化算法可以表示为：DE/ rand/ 1/ bin。其中"bin"表示为交叉操作。实际应用中还发展了差分进化算法的几个变形形式，并用符号 DE /x /y /z 加以区分，其中：x 为限定当前被变异的向量是"随机的"或"最佳的"；y 为所利用的差向量的个数；z 为交叉程序的操作方法。其表达形式分别为：

（1）DE/ best/ 1/ bin，其中

$$v_{i,G+1} = x_{\text{best},G} + F \times (x_{r_1,G} - x_{r_2,G}) \tag{3.5}$$

（2）DE/ rand-to-best/ 1/ bin，其中

$$v_{i,G+1} = x_{i,G} + F \times (x_{\text{best},G} - x_{i,G}) + F \times (x_{r_1,G} - x_{r_2,G}) \tag{3.6}$$

（3）DE/ best/ 2/ bin，其中

$$v_{i,G+1} = x_{\text{best},G} + F \times (x_{r_1,G} - x_{r_2,G}) + F \times (x_{r_3,G} - x_{r_4,G}) \tag{3.7}$$

（4）DE/ rand/ 2/ bin，其中

$$v_{i,G+1} = x_{r_1,G} + F \times (x_{r_2,G} - x_{r_3,G}) + F \times (x_{r_4,G} - x_{r_5,G}) \tag{3.8}$$

其中 $v_{i,G+1}$ 为第 i 个个体的第 $G+1$ 个分量；$x_{\text{best},G}$ 为当前代最好个体的第 G 个分量。还有在交叉操作中利用指数交叉的情况，如 DE/rand/1/exp、DE/best/1/exp、DE/rand-to-best / 1 /exp、DE /best /2 / exp 等。这几种形式的变异过程与上述相应方法相同，只是交叉操作不同。使用 4 个典型优化函数作为实例，测试 5 种算法的性能。缩放因子 $F=0.5$，交叉因子 $CR=0.3$，种群规模设置为 30。各个函数特征及参数设置见表 3.1。不同变异方式函数优化对比如图 3.3 所示。

表 3.1　各个函数特征及参数设置

函数	名称	特征	维数	范围	最小值	最大代数
$f_1(\boldsymbol{x}) = \sum_{i=1}^{D} x_i^2$	Sphere	单峰	30	$\|x_i\| \leqslant 100$	0	100
$f_2(\boldsymbol{x}) = \sum_{i=1}^{D-1} [100(x_{i+1} - x_i^2)^2 + (1 - x_i)^2]$	Rosenbrock	单峰	30	$\|x_i\| \leqslant 30$	0	100
$f_3(\boldsymbol{x}) = \sum_{i=1}^{D} [x_i^2 - 10\cos(2\pi x_i) + 10]$	Rastrigin	多峰	30	$\|x_i\| \leqslant 5.12$	0	100
$f_4(\boldsymbol{x}) = -20\exp\left(-0.2\sqrt{\sum_{i=1}^{D} x_i^2 / D}\right)$ $-\exp\left[\sum_{i=1}^{D} \cos(2\pi x_i) / D\right] + 20 + \mathrm{e}$	Ackley	多峰	30	$\|x_i\| \leqslant 32$	0	100

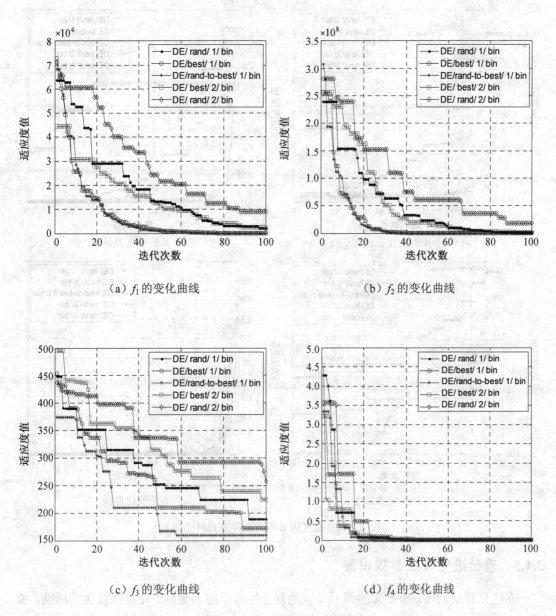

（a）f_1 的变化曲线　　　　　　　　（b）f_2 的变化曲线

（c）f_3 的变化曲线　　　　　　　　（d）f_4 的变化曲线

图 3.3　不同变异方式对比图

从实验结果来看，DE /best / 1/ bin 和 DE /rand-to-bes t/1 / bin 的寻优效果较好。缩放因子 F=0.5，交叉因子 CR=0.8，种群规模设置为 30，改变交叉因子不同变异方式对比如图 3.4 所示。

从实验结果来看，缩放因子的改变对各种算法的寻优性能也有影响，所以在实际应用过程中要结合具体情况选用各类算法，并对算法的参数设置进行研究。

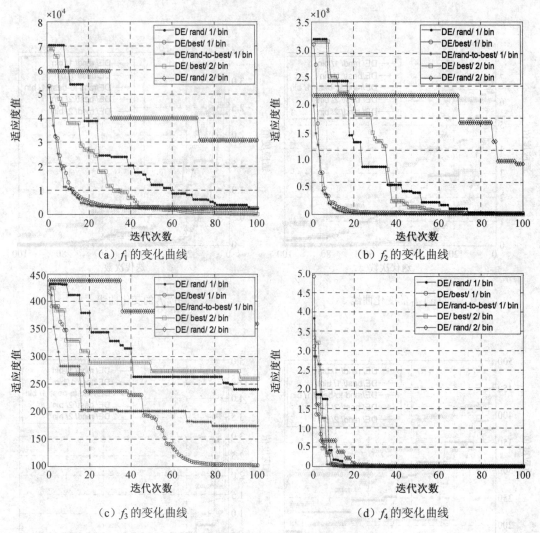

图 3.4   改变交叉因子不同变异方式对比图

3.1.5   差分进化算法参数设置

在进化算法领域,参数多少及其设置的复杂性常常用于衡量一个算法优劣的标准。要取得理想的结果,参数的选择至关重要。为了合理地使用差分进化算法发挥其性能,本小节对差分进化算法的参数设置问题进行一定的讨论分析供参考。在差分进化算法中有以下参数需要设置:缩放因子 F、交叉因子 CR 及种群规模 NP。

1. 缩放因子 F

缩放因子 F 是控制种群多样性和收敛性的重要参数,一般在[0,2]之间取值。缩放因子 F 值较小时,群体的差异度减小,进化过程不易跳出局部极值而导致种群过早收敛;缩放因子 F 值较大时,虽然容易跳出局部极值,但是收敛速度会减慢,一般可选择 F=0.3～0.6。

2. 交叉因子 *CR*

交叉因子 *CR* 可控制个体参数的各维对交叉的参与程度，以及全局与局部搜索能力的平衡，一般在[0,1]之间。交叉因子 *CR* 越小，种群多样性减小，容易受骗，过早收敛；*CR* 越大，收敛速度越大；但 *CR* 过大可能导致收敛变慢，因为扰动大于群体差异度。根据研究发现一般 *CR* 应选为[0.6～0.9]。*CR* 越大，*F* 越小，种群收敛逐渐加速，但随着交叉因子 *CR* 的增大，收敛对缩放因子 *F* 的敏感度逐渐提高。

3. 种群规模 *NP*

群体所含个体数量 *NP* 一般介于 5*D* 与 10*D* 之间（其中 *D* 为问题空间的维度），但不能少于 4*D*，否则无法进行变异操作。*NP* 越大，种群多样性越强，获得最优解的概率越大，但是计算时间更长，一般 *NP* 取 20～50。

3.2　函数极值优化及参数设置

仍使用上面 4 个典型优化函数作为实例，首先对群体规模 *NP* 进行分析，接着对缩放因子 *F* 和交叉因子 *CR* 进行选取，最后对优化效果的影响进行详细的实验和分析。

3.2.1　种群规模 *NP* 的选择

从计算复杂度分析，种群规模越大，搜索到全局最优解的可能性就越大，然而所需的计算量和计算时间也要增加。但是最优解的质量并非随种群规模的增大而不断变好。有时种群规模的增大反而会使最优解的精度降低，因此，合理选取种群规模对算法的搜索效率的提高具有重要意义。

为了测试种群规模对算法性能的影响，在设定缩放因子 *F*=0.5 和交叉因子 *CR*=0.3 的情况下，把种群规模分别设置为 30、50、80。不同种群规模优化对比曲线如图 3.5 所示。

从图 3.5 可以看出：当种群规模 *NP* 增大到一定个数时，差分进化算法解的精度不再提高，甚至会出现降低的情况。这是因为较大的种群规模能保持种群的多样性，但会降低收敛速度，多样性和收敛速度必须保持一定的平衡。因此，当种群规模太大时，如果不增加最大进化代数，精度反而会降低。另外，种群规模越大，多样性就越大，所以如果种群过早收敛，就要增加种群规模以增加多样性。

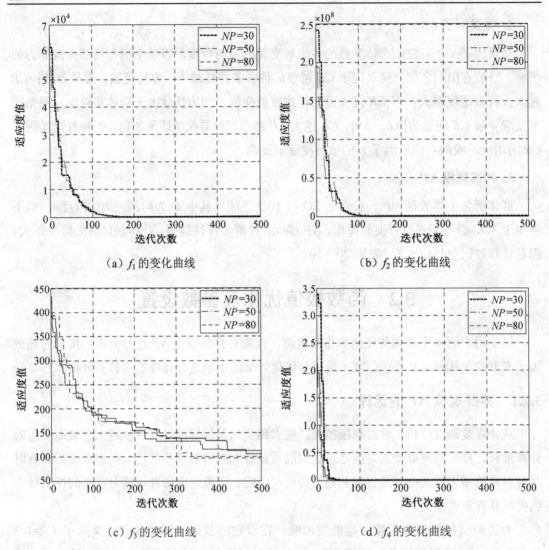

（a）f_1 的变化曲线　　　　　　　　　（b）f_2 的变化曲线

（c）f_3 的变化曲线　　　　　　　　　（d）f_4 的变化曲线

图 3.5　不同种群规模优化对比曲线

3.2.2　缩放因子 F 对优化效果的影响

下面对缩放因子的性能进行测试。设定种群规模 NP=30，交叉因子和最大进化代数保持不变。

从图 3.6 可以看出，缩放因子 F 取值 0.5 到 1 之间时，差分进化算法得到的结果较好。当 $F<0.5$ 或 $F>1$ 时，差分进化算法求得的解的质量不高。从图中可以看出，几乎对所有测试函数在 F=0.5 时，平均最优值都较为理想。

根据式（3.2）可知，缩放因子 F 是用于控制差分矢量对变异个体 v_i^t 的影响。当 F 较大时，差分矢量$(x_j^{r_2}(t)-x_j^{r_3}(t))$ 对 v_i^t 的影响较大，能产生较大的扰动，从而有利于保持种群多样性；反之，当 F 较小时，扰动较小，缩放因子能起到局部精细化搜索的作用。因此，

F 对种群的多样性起到了一定的调节作用。缩放因子 F 取值太大，虽然能保持种群多样性，但差分进化算法近似随机搜索，搜索效率低下，求得的全局最优解精度低；反之，F 太小，种群多样性丧失得很快，差分进化算法易于陷入局部最优而出现早熟收敛。这就是 F 取值 0.5 到 1 之间得到结果较好的原因。

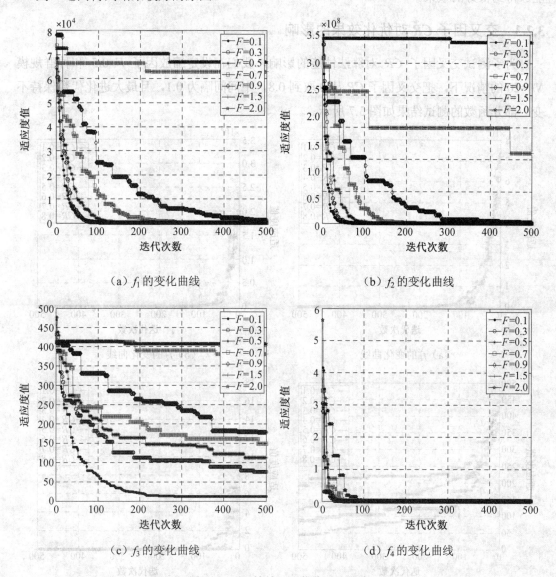

（a）f_1 的变化曲线　　　　　　　　　（b）f_2 的变化曲线

（c）f_3 的变化曲线　　　　　　　　　（d）f_4 的变化曲线

图 3.6　不同缩放因子优化对比曲线

由于差分进化算法是一种"贪婪"选择算法，随着种群的不断进化，每个个体逐渐靠近最优个体，个体间的差异也会逐渐减小。这就意味着当差分进化算法进化到一定程度时，种群多样性就会丧失。种群多样性对差分进化算法的全局搜索能力具有一定影响，种群多样性大，增加了从局部最优逃脱的可能性，有利于全局搜索，但会降低收敛速度；种群多样性小，有利于局部搜索，收敛速度快，但是易于陷入局部最优，出现所谓的早熟现象。

综上，F 对差分进化算法的局部搜索和全局搜索起到了一定的调节作用。F 较大，有利于保持种群多样性和全局搜索；F 较小，有利于局部搜索和提高收敛速度。所以 F 的取值既不能太大，又不能小于某一特定值。这就很好地解释了 $F \in [0.5, 1]$ 时，差分进化算法能够得到很好的效果。

3.2.3　交叉因子 CR 对优化效果的影响

为了测试交叉因子 CR 对算法性能的影响，我们在设定缩放因子 $F=0.5$ 和种群规模 $NP=20$ 的情况下，把交叉因子 CR 从 0 取到 0.8，中间间隔为 0.1，且最大进化代数保持不变。部分函数的测试结果如图 3.7 所示。

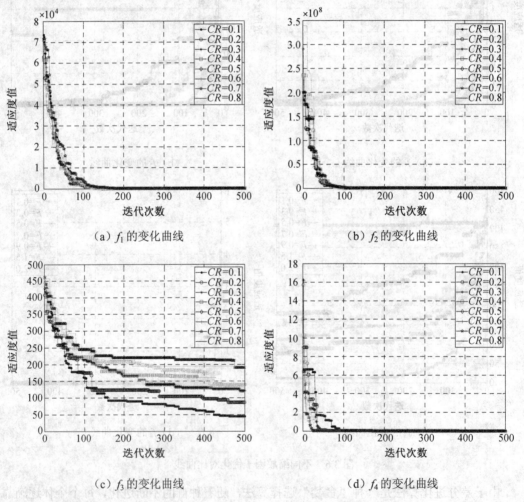

（a）f_1 的变化曲线　　　　　　　　　（b）f_2 的变化曲线

（c）f_3 的变化曲线　　　　　　　　　（d）f_4 的变化曲线

图 3.7　不同交叉因子优化对比曲线

从图 3.7 中可以看出，当 CR 的值较小时，所需的函数收敛速度较慢，但成功率较高，算法的稳定性好；当 CR 的值较大时，常常会加速收敛，但易于陷入局部最优，发生早熟现象，达到给定精度的成功率低，稳定性差。可见，成功率和收敛速度是矛盾的。因此，为了同时保证较高的成功率和较快的收敛速度，CR 取值相对较大些，应在[0.6, 0.9]之间取值。

根据式（3.3）可知，试验个体 u_i^t 是由变异个体 v_i^t 和父代个体 x_i^t 分量间相互交叉而产生的。CR 的值越大，则 v_i^t 对 u_i^t 的贡献越多，越有利于开拓新空间从而加速收敛，但在后期变异个体趋于同一，不利于保持多样性，从而易于早熟，稳定性差；CR 的值越小，则 x_i^t 对 u_i^t 的贡献越多，这样就减弱了差分进化算法开拓新空间的能力，收敛速度相对较慢，但有利于保持种群多样性，从而能有较高的成功率。

3.3　基于差分进化优化支持向量机参数

Vapnik 等在 SLT 的基础上提出的支持向量机（Support Vector Machine，SVM）算法，包括支持向量分类（Support Vector Classification，SVC）算法和支持向量回归（Support Vector Regression，SVR）算法。支持向量机是统计学习理论的一种实现方法，通过引入核函数，将样本向量映射到高维特征空间，然后在高维空间中构造最优分类面获得线性最优决策函数。支持向量机算法可以通过控制超平面的间隔度量来抑制函数的过拟合；通过采用核函数巧妙地解决了维数问题，避免了学习算法计算复杂度与样本维数的直接相关。支持向量机算法具有良好的推广能力，在解决小样本、非线性及高维模式识别问题中表现出许多特有的优势，并能够推广应用到函数拟合等其他机器学习问题。

3.3.1　支持向量机算法原理

1. 线性可分情形

支持向量机算法是从线性可分情况下的最优分类面提出的。所谓最优分类面就是要求分类面不但能将两类样本点无错误地分开，而且要使两类的分类空隙最大。d 维空间中线性判别函数的一般形式为 $g(\boldsymbol{x})=\boldsymbol{w}^{\mathrm{T}}\boldsymbol{x}+b$，分类面方程是 $\boldsymbol{w}^{\mathrm{T}}\boldsymbol{x}+b=0$，将判别函数进行归一化，使两类所有样本都满足 $|g(\boldsymbol{x})|\geqslant 1$，此时离分类面最近的样本的 $|g(\boldsymbol{x})|=1$，而要求分类面对所有样本都能正确分类，就是要求它满足

$$y_i(\boldsymbol{w}^{\mathrm{T}}\boldsymbol{x}_i+b)-1\geqslant 0,\qquad i=1,2,\cdots,n \tag{3.9}$$

式（3.9）中使等号成立的那些样本称为支持向量（Support Vectors）。两类样本的分类空隙（Margin）的间隔大小为

$$Margin=\frac{2}{\|\boldsymbol{w}\|} \tag{3.10}$$

因此，最优分类面问题可以表示成如下的约束优化问题，即在条件（3.9）的约束下，求函数

$$\varphi(\boldsymbol{w}) = \frac{1}{2}\|\boldsymbol{w}\|^2 = \frac{1}{2}(\boldsymbol{w}^\mathrm{T}\boldsymbol{w}) \tag{3.11}$$

的最小值。为此，可以定义如下的 Lagrange 函数：

$$L(\boldsymbol{w},b,\alpha) = \frac{1}{2}\boldsymbol{w}^\mathrm{T}\boldsymbol{w} - \sum_{i=1}^{n}\alpha_i[\boldsymbol{y}_i(\boldsymbol{w}^\mathrm{T}\boldsymbol{x}_i + b) - 1] \tag{3.12}$$

其中，α_i 为 Lagrange 系数，$\alpha_i \geqslant 0$，我们的问题是对 $\boldsymbol{w}$ 和 b 求 Lagrange 函数的最小值。把式（3.12）分别对 $\boldsymbol{w}$、b、α_i 求偏微分并令它们等于 0，得

$$\frac{\partial L}{\partial \boldsymbol{w}} = 0 \Rightarrow w = \sum_{i=1}^{n}\alpha_i \boldsymbol{y}_i \boldsymbol{x}_i$$

$$\frac{\partial L}{\partial b} = 0 \Rightarrow \sum_{i=1}^{n}\alpha_i \boldsymbol{y}_i = 0$$

$$\frac{\partial L}{\partial \alpha_i} = 0 \Rightarrow \alpha_i[\boldsymbol{y}_i(\boldsymbol{w}^\mathrm{T}\boldsymbol{x}_i + b) - 1] = 0$$

以上3式加上原约束条件可以把原问题转化为如下凸二次规划的对偶问题：

$$\begin{cases} \max \sum_{i=1}^{n}\alpha_i - \frac{1}{2}\sum_{i=1}^{n}\sum_{j=1}^{n}\alpha_i\alpha_j \boldsymbol{y}_i \boldsymbol{y}_j (\boldsymbol{x}_i^\mathrm{T}\boldsymbol{x}_j) \\ \text{s.t} \quad \alpha_i \geqslant 0, i = 1,\cdots,n \\ \sum_{i=1}^{n}\alpha_i \boldsymbol{y}_i = 0 \end{cases} \tag{3.13}$$

这是一个不等式约束下二次函数机制问题，存在唯一最优解。若 α_i^* 为最优解，则

$$\boldsymbol{w}^* = \sum_{i=1}^{n}\alpha_i^* \boldsymbol{y}_i \boldsymbol{x}_i \tag{3.14}$$

α_i^* 不为零的样本即为支持向量，因此，最优分类面的权系数向量是支持向量的线性组合。b^* 可由约束条件 $\alpha_i[\boldsymbol{y}_i(\boldsymbol{w}^\mathrm{T}\boldsymbol{x}_i + b) - 1] = 0$ 求解，由此求得的最优分类函数为

$$f(\boldsymbol{x}) = \mathrm{sgn}[(\boldsymbol{w}^*)^\mathrm{T}\boldsymbol{x} + b^*] = \mathrm{sgn}(\sum_{i=1}^{n}\alpha_i^* \boldsymbol{y}_i \boldsymbol{x}_i^\mathrm{T}\boldsymbol{x} + b^*) \tag{3.15}$$

式中，$\mathrm{sgn}(\cdot)$ 为符号函数。

2. 非线性可分情形

当用一个超平面不能把两类点完全分开时（只有少数点被错分），可以引入松弛变量 ξ_i（$\xi_i \geqslant 0$，$i = 1,n$），使超平面 $\boldsymbol{w}^\mathrm{T}\boldsymbol{x} + b = 0$ 满足：

$$\boldsymbol{y}_i(\boldsymbol{w}^\mathrm{T}\boldsymbol{x}_i + b) \geqslant 1 - \xi_i \tag{3.16}$$

当 $0 < \xi_i < 1$ 时，样本点 x_i 仍旧被正确分类，而当 $\xi_i \geqslant 1$ 时，样本点 x_i 被错分。为此，引入以下目标函数：

$$\psi(w, \xi) = \frac{1}{2}\boldsymbol{w}^{\mathrm{T}}\boldsymbol{w} + C\sum_{i=1}^{n}\xi_i \tag{3.17}$$

式中，C 为惩罚因子，是一个正常数，此时支持向量机算法可以通过二次规划（对偶规划）来实现：

$$\begin{cases} \max \sum_{i=1}^{n} a_i - \dfrac{1}{2}\sum_{i=1}^{n}\sum_{j=1}^{n}\alpha_i\alpha_j\boldsymbol{y}_i\boldsymbol{y}_j(\boldsymbol{x}_i^{\mathrm{T}}\boldsymbol{x}_j) \\ \text{s.t} \quad 0 \leqslant a_i \leqslant C, i = 1, \cdots, n \\ \sum_{i=1}^{n}a_i\boldsymbol{y}_i = 0 \end{cases} \tag{3.18}$$

3.3.2　支持向量机的核函数

若在原始空间中的简单超平面不能得到满意的分类效果，则必须以复杂的超曲面作为分界面，支持向量机算法求得这一复杂超曲面的方法如下：

首先通过非线性变换 $\boldsymbol{\Phi}$ 将输入空间变换到一个高维空间，然后在这个新空间中求取最优线性分类面，而这种非线性变换是通过定义适当的核函数（内积函数）实现的。令

$$K(\boldsymbol{x}_i, \boldsymbol{x}_j) = \langle \boldsymbol{\Phi}(\boldsymbol{x}_i) \cdot \boldsymbol{\Phi}(\boldsymbol{x}_j) \rangle \tag{3.19}$$

用核函数 $K(\boldsymbol{x}_i, \boldsymbol{x}_j)$ 代替最优分类平面中的点积 $\boldsymbol{x}_i^{\mathrm{T}}\boldsymbol{x}_j$，就相当于把原特征空间变换到了某一新的特征空间，此时优化函数变为

$$Q(a) = \sum_{i=1}^{n}a_i - \frac{1}{2}\sum_{i=1}^{n}\sum_{j=1}^{n}\alpha_i\alpha_j y_i y_j K(\boldsymbol{x}_i, \boldsymbol{x}_j) \tag{3.20}$$

而相应的判别函数式则为

$$f(\boldsymbol{x}) = \mathrm{sgn}[(\boldsymbol{w}^*)^{\mathrm{T}}\varphi(\boldsymbol{x}) + b^*] = \mathrm{sgn}\left[\sum_{i=1}^{n}a_i^* y_i K(\boldsymbol{x}_i, \boldsymbol{x}) + b^*\right] \tag{3.21}$$

式中，$\boldsymbol{x}_i$ 为支持向量；$\boldsymbol{x}$ 为未知向量，式（3.21）就是支持向量机，在分类函数形式上类似于一个神经网络，其输出是若干中间层节点的线性组合，而每一个中间层节点对应于输入样本与一个支持向量的内积，因此也被称为支持向量网络，如图3.8所示。

由于最终的判别函数中实际只包含未知向量与支持向量的内积的线性组合，因此识别时的计算复杂度取决于支持向量的个数。

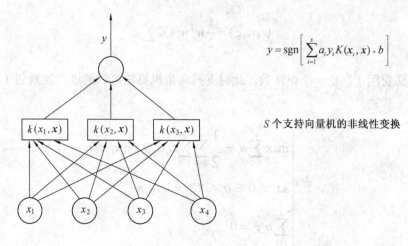

$$y = \mathrm{sgn}\left[\sum_{i=1}^{s} a_i y_i K(\boldsymbol{x}_i, \boldsymbol{x}) + b\right]$$

S 个支持向量机的非线性变换

图 3.8　支持向量网络

目前常用的核函数形式主要有以下 3 类，它们都与已有的算法有对应关系。

（1）多项式形式的核函数，即 $K(\boldsymbol{x}, \boldsymbol{x}_i) = [(\boldsymbol{x}^{\mathrm{T}} \boldsymbol{x}_i) + 1]^q$，对应支持向量机算法是一个 q 阶多项式分类器。

（2）径向基形式的核函数，即 $K(\boldsymbol{x}, \boldsymbol{x}_i) = \exp\left\{-\dfrac{\|\boldsymbol{x} - \boldsymbol{x}_i\|^2}{\sigma^2}\right\}$，对应支持向量机算法是一种径向基函数分类器。

（3）S 形核函数，如 $K(\boldsymbol{x}, \boldsymbol{x}_i) = \tanh[v(\boldsymbol{x}^{\mathrm{T}} \boldsymbol{x}_i) + c]$，则支持向量机算法实现的就是一个两层的感知器神经网络，只是在这里不仅网络的权值，网络的隐层节点数目也是由算法自动确定的。

3.3.3　基于差分进化的支持向量机模型训练

在支持向量机算法中有两个重要的参数，即惩罚因子 C 和核函数宽度参数 σ，这两个参数对支持向量机算法的性能具有相当大的影响。其中惩罚因子 C 控制支持向量机模型的复杂度和对错分样本的惩罚程度。如果 C 值太大，支持向量分类算法在训练阶段的分类精度很高，在测试阶段则很低；如果 C 值太小，则很难获得满意的分类精度。参数 σ 反映了数据样本在高维特征空间中分布的复杂程度，决定了线性分类面的复杂度。它对支持向量机精度的影响比惩罚因子 C 要大，过大的 C 会引起"过学习"问题；而过小的 C 会产生"欠学习"问题。因此，在支持向量机算法的训练过程中，对惩罚因子 C 和核函数宽度进行合适的参数选择就显得尤为重要。具体方法如下：

（1）设置支持向量机模型参数的搜索范围和差分进化的种群规模 NP、缩放因子 F、变异因子 CR 及最大迭代次数。

（2）初始化种群个体，随机产生 C 和 σ 的值作为每个个体的初始位置。

（3）计算每个个体的适应度，由于优化支持向量机算法的参数的目的是提高分类正确率，因此采用如下的适应度函数：$fitness = fenlei_t / fenlei_{sum}$，式中 $fenlei_t$ 和 $fenlei_{sum}$ 分别表示正确分类的样本个数和样本总数。

（4）对每个个体进行变异操作，得到变异个体。

（5）对每个个体进行交叉操作，得到试验个体。

（6）从父代个体和试验个体中选择一个作为下一代个体。

（7）判断是否满足给定的最大迭代次数或分类精度，如果满足，则停止寻优，并返回当前最优的支持向量机模型参数 C 和 σ 及分类正确率；否则转到步骤（3）。

仿真实验采用 LIBSVM 软件包，是林智仁（Chih-Jen Lin）2001 年开发的一套支持向量机的库，这套库运算速度还是挺快的，可以很方便地对数据做分类或回归。由于 LIBSVM 的程序小，运用灵活，输入参数少，并且是开源的，易于扩展，因此成为目前国内应用最多的支持向量机的库。使用 LIBSVM 的一般步骤是：

（1）按照 LIBSVM 软件包所要求的格式准备数据集。

（2）对数据进行简单的缩放操作。

（3）考虑选用 RBF 核函数。

（4）采用交叉验证选择最佳参数 C 与 g。

（5）采用最佳参数 C 与 g 对整个训练集进行训练获取支持向量机模型。

（6）利用获取的模型进行测试与预测。

采用标准数据集进行分类测试验证，并与常规支持向量机算法、差分进化优化的支持向量机（DE-SVM）的测试结果进行比较。标准数据集选自 UCI 机器学习公用数据库中的 Wine、Iris 和 Balance 3 个数据集，其中 Wine 数据集包括 3 个大类，178 组数据，13 个特征；Iris 数据集包括 3 个大类，150 组数据，4 个特征。分别将这两个数据集分为训练样本集和测试样本集，每次取数据集的 50% 作为训练数据集，剩下的 50% 作为测试数据集，分别运行 10 次，取 10 次结果精度的平均值作为算法的精度。每个数据集及分类性能对比见表 3.2。

表 3.2　UCI 数据集及分类性能对比

UCI 数据	样本总数	特征维数	类别数量	SVM 的识别率/%	DE-SVM 的识别率/%
Wine	178	12	3	94.38	96.72
Iris	150	4	3	97.36	98.37
Balance	625	4	3	87.14	91.05

3.3.4　支持向量回归（SVR）算法

支持向量回归算法的基础主要是 ε 为不敏感函数和核函数算法。若将拟合的数学模型表达为多维空间的某一曲线，则根据ε为不敏感函数所得的结果是该曲线和训练点的"ε管道"。在所有样本点中，只有分布在"管壁"上的那一部分样本点决定管道的位置。这一部分训练样本称为"支持向量"（Support Vectors）。为适应训练样本集的非线性，传统的拟合方法通常是在线性方程后面加高阶项。此法诚然有效，但由此增加的可调参数增加了过拟合的风险。支持向量回归算法采用核函数解决这一矛盾。用核函数代替线性方程中的线性项可以使原来的线性算法"非线性化"，即能做非线性回归。与此同时，引进核函数达到了"升维"的目的，而增加的可调参数却很少，于是过拟合仍能控制。

1. 线性回归情形

设样本集为

$$(y_1, x_1), \cdots, (y_i, x_l), x \in R^n, y \in R$$

回归函数用下列线性方程来表示，即

$$f(x) = \boldsymbol{w}^{\mathrm{T}} \boldsymbol{x} + b \tag{3.22}$$

最佳回归函数通过求以下函数的最小极值得出，即

$$\phi(\omega, \xi^*, \xi) = \frac{1}{2} \|\boldsymbol{\omega}\|^2 + C \left(\sum_{i=1}^{l} \xi_i + \sum_{i=1}^{l} \xi_i^* \right) \tag{3.23}$$

式中，C 是设定的惩罚因子值；ξ、ξ^*分别为松弛变量的上限与下限。

Vapnik 提出运用下列不敏感损耗函数

$$L_e(y) = \begin{cases} 0, |f(x) - y| < \varepsilon \\ |f(x) - y| - \varepsilon \end{cases} \tag{3.24}$$

通过下面的优化方程

$$\max_{\alpha, \alpha^*} W(\boldsymbol{\alpha}, \boldsymbol{\alpha}^*) = \max_{\alpha, \alpha^*} \left\{ -\frac{1}{2} \sum_{i=1}^{l} \sum_{j=1}^{l} (\alpha_i - \alpha_i^*)(\alpha_j - \alpha_j^*)(x_i \cdot x_j) + \sum_{i=1}^{l} \alpha_i (y_i - \varepsilon) - \alpha_i^* (y_i + \varepsilon) \right\} \tag{3.25}$$

在下列约束条件下

$$0 \leqslant \alpha_i \leqslant C, i = 1, \cdots, l$$

$$0 \leqslant \alpha_i^* \leqslant C, i = 1, \cdots, l$$

$$\sum_{i=1}^{l} (\alpha_i - \alpha_i^*) = 0$$

求解

$$\boldsymbol{\alpha}, \boldsymbol{\alpha}^* = \arg\min \left\{ \begin{array}{l} \dfrac{1}{2}\displaystyle\sum_{i=1}^{l}\sum_{j=1}^{l}(\alpha_i - \alpha_i^*)(\alpha_j - \alpha_j^*)(\boldsymbol{x}_i^{\mathrm{T}}\boldsymbol{x}_j) \\[2mm] -\displaystyle\sum_{i}^{l}(\alpha_i - \alpha_i^*)y_i + \displaystyle\sum_{i}^{l}(\alpha_i + \alpha_i^*)\varepsilon \end{array} \right\} \tag{3.26}$$

由此可得拉格朗日方程的待定系数 α_i 和 α_i^*，从而得回归系数和常数项

$$\left\{ \begin{array}{l} \boldsymbol{w} = \displaystyle\sum_{i=1}^{l}(\alpha_i - \alpha_i^*)\boldsymbol{x}_i \\[2mm] b = -\dfrac{1}{2}\boldsymbol{w}(x_r + x_s) \end{array} \right. \tag{3.27}$$

2. 非线性回归情形

类似于分类问题，一个非线性模型通常需要足够的模型数据，与非线性支持向量分类算法相同，一个非线性映射可将数据映射到高维的特征空间中，在其中就可以进行线性回归。运用核函数可以避免模式升维可能产生的"维数灾难"，即通过运用一个非敏感性损耗函数，非线性支持向量回归算法的解即可通过下面方程求出：

$$\max_{\boldsymbol{\alpha}, \boldsymbol{\alpha}^*} W(\boldsymbol{\alpha}, \boldsymbol{\alpha}^*) = \max_{\boldsymbol{\alpha}, \boldsymbol{\alpha}^*} \left\{ \sum_{i=1}^{l}\alpha_i(y_i - \varepsilon) - \alpha_i^*(y_i + \varepsilon) - \frac{1}{2}\sum_{i=1}^{l}\sum_{j=1}^{l}(\alpha_i - \alpha_i^*)(\alpha_j - \alpha_j^*)K(x_i, x_j) \right\} \tag{3.28}$$

其约束条件为

$$\left\{ \begin{array}{l} 0 \leqslant \alpha_i \leqslant C, i = 1, \cdots, l \\[1mm] 0 \leqslant \alpha_i^* \leqslant C, i = 1, \cdots, l \\[1mm] \displaystyle\sum_{i=1}^{l}(\alpha_i^* - \alpha_i) = 0 \end{array} \right. \tag{3.29}$$

由此可得拉格朗日待定系数 α_i 和 α_i^*，回归函数 $f(x)$ 则为

$$f(x) = \sum(\alpha_i - \alpha_i^*)K(\boldsymbol{x}_i, \boldsymbol{x}) \tag{3.30}$$

3.3.5　基于差分进化算法的支持向量机模型训练

太阳黑子是太阳光球上经常出现的阴暗斑点，它是太阳活动的基本标志。太阳黑子数是太阳黑子的重要指标，数量的多少反映了太阳活动强弱的变化，对地球的影响很大，诸如地磁变化、大气运动、气候异常、海洋变化等，都和太阳黑子数变化有着不同程度的关系。因此，准确预报未来时刻的太阳黑子数有十分重大的意义。由于太阳黑子活动具有一

定的规律性，过去物理学家们已经为此建立了一些预测模型，取得了一定的成果。人类在观测太阳的漫长过程中已经积累了很多关于太阳黑子的观测数据，显然，它们是一个典型时变过程的记录。利用这些观测数据，可以较方便地采用过程神经元网络建立太阳黑子的预测模型。首先将时间分成若干连续的区段，本实验采用连续 215 年（1800～2014 年）太阳黑子季数据和年数据。实验中季数据指一个季度的太阳黑子平均数；年数据指全年 4 个季度太阳黑子数的平均值。本书采用的预测方案是：用前 n 年的年数据预测第 $n+1$ 年的年数据。例如，用 1850 年、1851 年、1852 年的年数据，预测 1853 年的年太阳黑子平均值。支持向量回归算法的预测结果如图 3.9 所示，DE-SVR 算法的预测结果如图 3.10 所示。

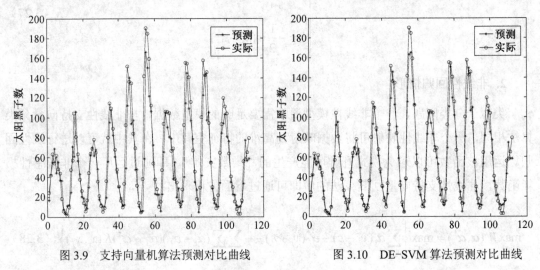

图 3.9　支持向量机算法预测对比曲线　　　图 3.10　DE-SVM 算法预测对比曲线

本章小结

差分进化算法是一种新兴的进化算法，已有的研究和应用成果都证明了其有效性和广阔的发展前景，但由于人们对其研究刚刚开始，远没有像遗传算法那样已经具有良好的理论基础、系统的分析方法和广泛的应用基础，因此还有待进一步的研究。综观差分进化算法的研究现状，目前主要在以下几个领域还有待进一步开展研究：

（1）算法理论方面的研究。差分进化算法虽然在实际应用中被证明是有效的，但是对算法的收敛性、收敛速度、参数选取等方面还缺乏理论分析，还需要进一步的数学证明。

（2）参数选择和优化。种群数量、变异算子、交叉算子等参数选择对差分进化的性能有重要影响，如何选择、优化和调整参数，使算法既能避免早熟又能较快收敛，对研究和应用有着重要的意义。

（3）算法的改进。由于实际问题的多样性和复杂性，单靠一种算法的机制是不能满足需要的。因此，应注重高效的差分进化算法的开发，在分析算法优劣的基础上，改进状态更新公式，并有效地均衡全局和局部搜索，如何将其他算法和差分进化算法结合，构造出更加高效的混合差分进化算法仍是当前算法改进的热点。此外，针对特定问题还可以将问题的信息融入算法中，给算法以更有效的指导。

（4）算法的应用研究。基本差分进化算法主要适用于连续空间的函数优化问题，如何改变其搜索及变异机制使其用于离散空间的优化，特别是组合优化问题，将是差分进化算法研究的热点之一。此外，差分进化算法在多目标、噪声环境、动态等复杂优化问题中的应用还有待进一步拓宽。

第 4 章　混洗蛙跳算法

混洗蛙跳算法（SFLA）是由美国学者 Eusuff 与 Lansey 于 2003 年提出的一种亚启发式群智能进化算法，它具有原理清晰、简单易理解、优化参数少、求解问题能力优越等优点，在很多领域得到了广泛应用。2005 年，Elbeltagi 等人比较了遗传算法、粒子群优化算法、模因算法、蚁群算法和混洗蛙跳算法在连续优化和离散优化方面的模型与结果。实验结果表明，混洗蛙跳算法在解决某些连续优化问题时成功率和收敛速度优于遗传算法，近似于粒子群优化算法。2009 年，Babak Amiri 等人用混洗蛙跳算法对 K 均值方法进行了改进，通过对几个实际数据集的实验可知，在求解质量和运行时间上，新算法优于采用模拟退火、遗传算法、蚁群优化、禁忌搜索的聚类算法。但混洗蛙跳算法也存在早熟、收敛速度慢且求解精度不高的缺点，使其在求解高维连续优化问题时效果不够理想。导致该缺陷的主要原因是在进化后期种群多样性迅速下降，缺乏局部细化搜索能力。为了提高蛙跳算法的寻优性能，许多学者针对算法的参数调整、子群更新方式和与智能算法相结合等方面进行了改进，取得了很好的优化效果。目前，改进后的混洗蛙跳算法已经在许多领域得到了应用，譬如水资源网络优化问题、连续优化问题、成品油管网优化问题、离散优化问题、聚类问题、双准则带缓冲区的流水车间调度问题、旅行商问题、0-1 背包问题以及多变量 PID 控制器参数调节问题等。在短短的几年内，混洗蛙跳算法引起了学术界的广泛关注，成为国际优化计算领域的研究热点之一，亦逐渐成为解决各种优化问题的热门工具。

4.1　混洗蛙跳算法原理

设青蛙种群共有 p 个青蛙，每个青蛙代表寻优空间内的一个解向量 $X = \{x_1, x_2, \cdots, x_l\}$，$l$ 代表解空间向量的维数。首先对青蛙种群根据适应值的大小进行降序排列，然后把整个青蛙种群分成 m 个子群，每个子群含有 n 个青蛙（$p = m \times n$）。对蛙群采用如下方法进行分组：第一个青蛙分到第一个子群里，第二个青蛙分到第二个子群里，第 m 个青蛙被分到第 m 个子群里，以此类推，则第 $m+1$ 个青蛙进入第一个子群。在算法每次迭代进化过程中，寻找每个子群中的适应值最优的青蛙 x_b 和最差的青蛙 x_w，把每次迭代时整个青蛙种群的最优个体定义为 x_g，在每一次迭代进化计算时对最差青蛙按下式进行更新：

青蛙移动的位置：$S_i = rand \times (x_b - x_w)$　　　　　　　　　　　　　　　　(4.1)

新的位置：$x_w = x_w + S_i$；　$S_{max} \geqslant S_i \geqslant -S_{max}$　　　　　　　(4.2)

其中，$rand$ 为[0,1]之间的随机数；S_{max} 为青蛙个体允许移动的最大范围。如果通过上式能产生更优解，则用其代替 x_w，否则用 x_g 替换 x_b，继续采用上式产生新个体。如果该新个体的适应值优于 x_w 则替换，否则随机生成一个新个体代替 x_w 青蛙。

4.1.1　基本概念

（1）青蛙：承载思想与信息的个体，构成种群的元素。

（2）种群：由一定数量的青蛙组成的集合。

（3）子群：种群的子集。由所有青蛙构成的群体根据相应规则被划分为多个并行、独立的子集，这些子集被称为子群。

（4）适应度：用来评价青蛙个体好坏的度量标准。

（5）局部搜索：子种群内部个体的更新操作。按照一定的更新机制，子群内部的青蛙个体执行跳跃操作，从而消息得以在子群内部传播和扩散。

（6）混合运算：将各个子种群合并为一个种群的操作。将各个子群进行合并，形成一个统一的群体，便于个体间的信息交流，为下一轮进化提供条件。

（7）控制参数：混洗蛙跳算法执行需要的控制参数主要有所有青蛙个体总数（种群规模）、最大混合迭代次数、子群的个数、子群内部进化代数、各子群中青蛙的个数、青蛙个体的维数、青蛙最大跳动步长等。

（8）执行终止条件：

①满足预设结束条件；

②算法执行到初始设定的最大混合迭代次数。

满足二者之一，算法即被强制终止。

4.1.2　算法流程

将混洗蛙跳算法的步骤分为全局搜索步骤和局部搜索步骤。该算法的全局执行步骤如下：

Step 1：初始化参数，确定蛙群数量 F。

Step 2：随机产生初始蛙群，计算各个青蛙的适应值。

```
For i=1:F do                        %对每个个体进行初始化并计算适应度值
    For j=1:S do
        x(i, j)= rand *(MAX-MIN) + MIN      %随机初始化
    End for
    p(i)= fitness(x(i,:))               %计算每个个体的适应度
End for
```

Step 3：按适应值的大小进行降序排列，并记录好最优解 p_g，并且将蛙群分成族群，把 F 个青蛙分配到 m 个子群中去，每个子群包括 n 个青蛙。例如当 $m=3$ 时，第 1、2、3 只青蛙会被依次分配到第 1、2、3 个子群中，第 4、5、6 只青蛙也会被依次分配到第 1、2、3 个子群中，依此类推。

Step 4：局部搜索过程，根据蛙跳算法的算法公式，在每一个子群中进行进化。

（1）计数器初始化。设子群的序号 $im=0$，用它来标记进化到了哪个子群并与子群总数 m 进行比较。设独立进化次数的序号 $in=0$，用它与局部进化次数 Ls 比较以判断独立进化是否结束。同时，寻找当前子群 Y^{im} 中最佳个体位置和最差个体位置，分别记为 p_B 和 p_W。

（2）设 $im = im +1$，进行下一个子群。

（3）设 $in = in +1$，进行下一次独立进化。

（4）利用更新策略更新当前族群中最差青蛙的位置，更新策略为：

青蛙更新的步长：
$$STEP = \begin{cases} \min(rand \times (p_b - p_w), S_{\max}) \\ \max(rand \times (p_b - p_w), -S_{\max}) \end{cases}$$

青蛙的新位置：newDw=P_w+STEP

其中，$rand$ 为产生一个[0,1]范围内的随机数；$S_{\max}$ 为青蛙跳跃的最大步长。如 $S_{\max}=3$，$rand=0.5$，$p_b=\{2,1,5,3,4\}$，$p_w=\{1,3,5,4,2\}$ 时：

$$newDw(q_1) = 1 + int[\min(0.5 \times |(2-1)|, 3)] = 1$$

$$newDw(q_2) = 3 + int[\min(0.5 \times |(1-3)|, 3)] = 2$$

$$newDw(q_3) = 5 + int[\min(0.5 \times |(5-5)|, 3)] = 5$$

$$newDw(q_4) = 4 + int[\min(0.5 \times |(3-4)|, 3)] = 4$$

$$newDw(q_5) = 2 + int[\min(0.5 \times |(4-2)|, 3)] = 3$$

因此得到 newDw=$\{1,2,5,4,3\}$

局部搜索：

```
For i=1:N do                        % N 表示种群内更新次数
    For j=1:m do
        temp(i, j)=rand*(p_b(i, j)- p_w(i, j))   %计算移动步长
        temp(i, j)= p_w (i, j) + temp(i, j)
        a= fitness(temp(i,:))
        If (a < p_w (i))
            q_1(i,1,:)= temp(i,:)        % 更新最差的青蛙 p_w
```

$$p_w(\text{i},:) = q_1(i,1,:)$$

Else

$$\text{temp}(i,j) = rand * (p_g - p_w(i,j)) \qquad \% \, p_g \text{ 为全局最优}$$

$$\text{temp}(i,j) = p_w(i,j) + \text{temp}(i,j)$$

$$a = \text{fitness}(\text{temp}(i,:))$$

If $(a < p_w(\text{i}))$

$$q_1(i,1,:) = \text{temp}(i,:) \qquad\qquad \% \text{更新最差的青蛙 } p_w$$

$$p_w(\text{i},:) = q_1(i,1,:)$$

Else

$$q_1(i,1,:) = rand * (\text{MAX} - \text{MIN}) + \text{MIN} \qquad \% \text{随机产生青蛙 } p_w$$

$$p_w(\text{i},:) = q_1(i,1,:)$$

End If

End If

End for

End for

（5）如果步骤（4）改进了最差蛙的位置，就用新产生的位置 newDw 取代最差蛙的位置，否则就采用全局最好解 p_g 代替 p_B，更新最差蛙的位置。

（6）如果步骤（5）没有改进最差蛙的位置，则随机产生一个青蛙来替代最差蛙，并计算其适应值。

（7）更新子群的 p_B 与 p_W。

（8）如果 $in < Ls$，则跳到步骤（3），否则进行步骤（9）并让 $in = 0$。

（9）如果 $im < m$，则跳到步骤（2），否则跳出局部搜索，回到全局搜索。

Step 5：将各个子群进行混合。在每个子群都进行过一轮进化过程以后，将各个子群中的青蛙进行重新排列和子群划分，并记录全局最优解 p_g。

Step 6：检验计算停止条件。如果满足了算法收敛条件，则停止算法的执行过程，否则跳转到 Step 3。通常而言，如果算法在连续几个全局思想交流以后，最优解没有得到明显的改进，则应该停止算法的执行。某些情况下，适应度函数的评价次数也可以作为算法停止的准则。

蛙跳算法的流程图如图 4.1 所示，其中图 4.1（a）为全局搜索流程图，图 4.1（b）为全局搜索中的局部搜索部分（青蛙子群内部的更新策略）。

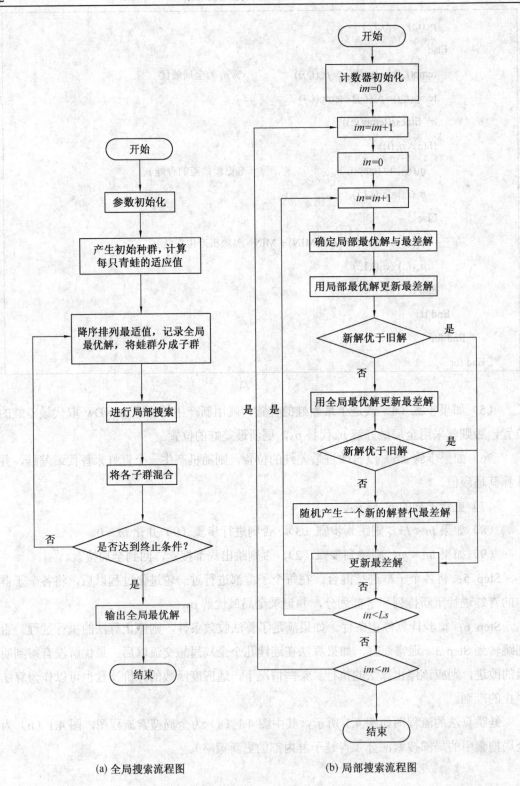

(a) 全局搜索流程图　　　　　　　　(b) 局部搜索流程图

图 4.1　蛙跳算法的流程图

4.2　混洗蛙跳算法求解 0-1 背包问题

0-1 背包问题可描述为：有 n 件物品和一个容量为 V 的背包，第 i 件物品的质量是 W_i，价值是 V_i。求解将哪些物品装入背包可使这些物品的质量总和不超过背包容量 C，且价值总和最大。若将第 i 件物品放入背包中，则在输出结果中定义 $x_i=1$，否则 $x_i=0$。

现在考虑 n 个物体的选择与否，则背包内 n 个物体总质量为

$$\sum_{i=1}^{n} W_i X_i$$

物体的总价值为

$$\sum_{i=1}^{n} V_i X_i$$

如何决定变量 X，（$i=1, 2, \cdots, n$）的值（即确定一个物件组合）使背包内物件总价值为最大，其数学模型为

$$\begin{cases} \text{Maximize} \sum_{i=1}^{n} V_i X_i \\ \text{st.} \sum_{i=1}^{n} W_i X_i \leqslant C \end{cases}, \quad X_i = 1 \text{ 或 } 0(i=1,2,\cdots,n) \quad (4.3)$$

4.2.1　青蛙的表示

每只青蛙的选择状态向量表示背包问题的一个可行解。设青蛙 $U=\{x_1, x_2, \cdots, x_n\}$，其中 x_i 表示第 i 个物品的选择状态，当 $x_i=1$ 时，表示第 i 个物体被选中；当 $x_i=0$ 时，表示第 i 个物体未被选中。青蛙的个体自适应度函数 $f(i)$ 定义为

$$\begin{cases} f(i) = \sum_{i=1}^{n} V_i X_i \\ \text{st.} \ \sum_{i=1}^{n} W_i X_i \leqslant C \end{cases} \quad (4.4)$$

4.2.2　青蛙个体的构造策略

（1）给定一个青蛙状态向量 U，定义交换序 $C(i, j)$ 为

$$C(i,j)=\begin{cases} 1, & i = j \text{ 且 } x_i \neq x_j \\ 2, & i \neq j \text{ 且 } x_i \neq x_j \\ 0, & \text{其他} \end{cases} \quad (4.5)$$

其中，$i=j$ 表示物体 i 由选中状态变为取消状态或相反；$i \neq j$ 且 $x_i \neq x_j$ 表示物体 i 由选中状态变为取消状态，且物品 j 由取消状态变为选中状态或相反，其他情况取值为 0。经过交换后的新向量为 $\text{new} U = U + C(i,j)$。

（2）在子群中任选两只青蛙的向量 U_i、U_j，由 U_i 调整到 U_j 的所有交换序列称为 U_i 到 U_j 的距离 D：

$$D(U_i, U_j) = \{C(i_1, j_1) \rightarrow C(i_2, j_2) \rightarrow \cdots \rightarrow C(i_n, j_n)\}$$

（3）在族群中任选两只青蛙的向量 U_i、U_j，由 U_i 调整到 U_j 的距离长度为 $|D_{ij}|$：

$$|D_{ij}| = |D(U_i, U_j)| = \sum_{l=1}^{n} C(i,j)$$

由以上 3 条确定青蛙的更新策略如下：

$$\begin{cases} l = \min(\text{int}(rand \times |D_{B,W}|, l_{\max})) \\ S = \{D(U_B, U_W)\} \\ U_q = U_W + S \end{cases} \tag{4.6}$$

式中，l 为更新 U_W 所选择的交换序的个数；$l_{\max}$ 为允许的最大的交换序个数；S 为更新 U_W 所需要的交换序列。

4.2.3　算法步骤

Step 1：初始化青蛙种群。

Step 2：将青蛙种群划分成子群。

Step 3：计算每个青蛙的适应度。

Step 4：对种群进行更新（全局）。

①根据适应度划分子群。

②对子群进行更新（局部）。

（a）确定全局最优可行解 U_g，子群最优可行解 U_B 和最差解 U_W。

（b）根据式（4.6）更新最差解 U_W 得到新解 U_q。

（c）判断更新后的解 U_q 是否优于原 U_W，如果优于则替换原最差解，否则随机产生一个新的解替换原最差解。

③对更新后的子群进行混合，取代原种群。

Step 5：输出全局最优可行解 U_g。

4.2.4　仿真实验

设定蛙跳算法的迭代次数为 50，子群的局部进化次数为 10，种群规模为 50，子群个数为 10。

仿真数据集 1：

物体的质量集：

W={42,30,27,93,8,34,47,64,82,76,70,79,23,5,67,9,97,29,7,61,73,3,44,85,7,51,49,90,59,38, 55,39,62,85,54,81,38,42,90,90,26,50,22,71,52,41,77,32,49,2,96,84,20,48,17,62,87,94,84,26,73,52, 12,70,42,47,94,13,47,89,90,7,51,39,24,6,74,69,5,47,78,65,67,35,89,69,96,15,20,8,28,25,16,33,22, 16,64,64,63,67}。

物体的价值集：

V={15,64,82,87,81,54,65,98,42,99,6,50,90,99,96,57,76,12,47,18,46,73,99,60,40,60,15,5,65, 69,19,72,51,33,11,72,69,64,97,95,32,59,34,3,27,99,82,44,66,83,72,28,64,90,15,38,65,91,68,28,17, 80,1,29,54,8,11,11,70,40,93,65,51,49,75,35,41,60,72,57,76,6,28,12,59,58,55,30,66,13,24,24,9, 17,43,67,90,37,36,36}。

数据集 1 求解结果见表 4.1。

表 4.1　数据集 1 求解结果

背包问题的最优解	混洗蛙跳算法求解的最优值	数据集 1 的最优值
0110111100001111001001101000010100001100001001001100110000000100000010010011001001000000001110000111000	2 461	2 461

数据集 1 迭代曲线如图 4.2 所示。

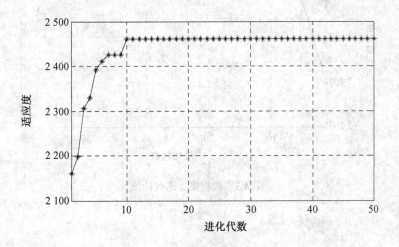

图 4.2　数据集 1 迭代曲线

仿真数据集 2：

物体的质量集：

W={88,85,59,100,94,64,79,75,18,38,47,11,56,12,96,54,23,6,19,31,30,32,21,31,4,30,3,12,21,60,42,42,78,6,72,25,96,21,77,36,42,20,7,46,19,24,95,3,93,73,62,91,100,58,57,3,32,5,57,50,3,88,67,97,24,37,41,36,98,52,75,7,57,23,55,93,4,17,5,13,46,48,28,24,70,85,48,48,55,93,6,8,12,50,95,66,92,25,80,16}。

物体的价值集：

V={53,70,20,41,12,71,37,87,51,64,63,50,73,83,75,60,96,70,76,25,27,89,93,40,41,89,93,46,16,4,41,29,99,82,42,14,69,75,20,20,56,23,92,71,70,1,63,18,11,68,33,6,82,69,78,48,95,42,53,99,15,76,64,39,48,83,21,75,49,73,85,28,31,86,63,12,71,35,21,17,73,18,7,51,94,88,46,77,80,95,31,80,32,45,5,30,51,63,43,9}。

背包能够承受的最大质量 C=1 000，规模 n=100。数据集 2 求解结果见表 4.2。

表 4.2   数据集 2 求解结果

背包问题的最优解	混洗蛙跳算法求解的最优值	数据集 2 的最优值
0000000011010100111001101111000001000100011110010000011110110001101010101001110100110011011100000100	2 850	2 852

数据集 2 迭代曲线如图 4.3 所示。

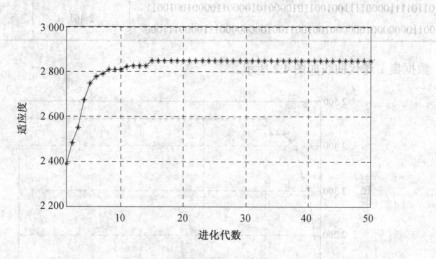

图 4.3   数据集 2 迭代曲线

4.3　自适应分组混沌云模型蛙跳算法

云模型是李德毅院士提出的一种定性知识描述和定性概念与其定量数值表示之间的不确定性转换模型，在知识表达时具有不确定中带有确定性、稳定之中又有变化的特点，体现了自然界物种进化的基本原理。基于这种特性提出一种自适应分组混沌云模型蛙跳算法，将整个蛙群子群划分为"探索者"群组、"参与者"群组和"游荡者"群组，应用云模型算法对"探索者"群组收敛区域局部求精，发掘全局更优位置；"参与者"群组按照改进的混洗蛙跳算法进行寻优体现分享机制；"游荡者"群组通过混沌机制对未知区域的解空间进行随机探索全局最优解，避免陷入局部最优解。

4.3.1　基于反向学习机制的种群多样化

在实际计算中进化算法都是从随机初始种群开始迭代。如果能在算法初始时就选择一些靠近最优解的个体开始计算，那么在一定程度上不仅可以加快算法的收敛速率，同时还可以改善算法的进化性能。基于这种思想，Tizhoosh 于 2005 年提出一种反向学习机制的机器学习方法，其基本思想是同时考虑变量的当前估计值与反向估计值，通过比较获得当前的最优近似值。Rahnamaya 通过数学推导和实验表明，与其他的随机学习算法相比，反向学习算法具有较快的学习速度和更强的优化能力。文献证明，基于反向的估计值要比随机的估计值更加有可能接近当前的估计值。

【定义 4.1】　一维空间中任意一点，$x \in [a,b]$。如果 $x' = a + b - x$，则称 x' 为 x 的反向点。类似地，反向点也可以定义到高维空间中。

【定义 4.2】　D 维空间中任意一点，$X = [x_1, x_2, \cdots, x_i]$。其中 $x_1, x_2, \cdots, x_i \in \mathbf{R}$，且 $x_i \in [a_i, b_i]$，$\forall i \in \{1, 2, \cdots, D\}$，如果 $X' = [x_1', x_2', \cdots, x_i']$ 的元素取为 $x_i' = a_i + b_i - x_i$，则称 X' 为 X 的反向点。

由定义 4.1 和定义 4.2 可推出自适应分组混沌云模型蛙跳算法的种群初始化方式如定义 4.3。

【定义 4.3】　D 维空间中任意一点，$X = [x_1, x_2, \cdots x_D]$。假定 $f(\bullet)$ 是衡量该点的适应值函数。根据反向点的定义，令 $X' = [x_1', x_2', \cdots, x_D']$ 是 $X = [x_1, x_2, \cdots, x_D]$ 的反向点，若 $f(X') < f(X)$，则用 X' 代替 X，否则，继续采用点 X。

4.3.2　自适应分组混沌云模型蛙跳算法进化模式和变异策略

【定义 4.4】　群组由蛙群分组后的若干个子群构成的集合。群组中包含的子群个数称为群组规模。按照在寻优过程中的不同分工分为"探索者"群组、"参与者"群组和"游荡者"群组，其中"探索者"群组拥有的子群个数要多一些，即越优秀的父代应产生更多的子代，"游荡者"群组的子群个数不应过多，即进化过程中只有少数的个体会突变，使子代以大概率继承父代的优秀特征，保证种群的先进性向较优的方向进化，突变能够保证进化的任何可能性。

1. "探索者"群组

根据社会学原理，当前优秀个体周围往往存在着更优个体，即局部最优点周围往往存在更优点，在其周围更有机会找到最优解。每组子蛙群更新时，既更新组内最差个体，又更新组内最优个体，更新组内最优个体采用正态云模型算法，更新组内最差个体采用传统蛙跳算法。即将组内最优个体看作一个正态云滴 $C(Ex, En, He)$，用它产生与本组数量相同的一组云滴，也就是一组蛙，如果新的这组蛙中有比原来组内最优个体更优秀的个体，则就用它替换旧的最优个体；否则，不做处理。

2. "追随者"群组

在自适应分组混沌云模型蛙跳算法（AGCCM-SFLA）中，"追随者"群组所占比例较大，但在混洗蛙跳算法的进化过程中子群内最差个体先参考子群内最优个体，若不能提高则再参考全局最优个体，这种方式使得获取的信息过于单一，没有同时考虑这两个最优个体对最差个体的影响，导致算法在处理大规模复杂问题时容易陷入局部最优。为了丰富"追随者"的参考信息，改进经典算法的个体更新方式，在更新位置时同时参考子群内最优个体和全局最优个体。

新的位置

$$x'_{wb} = x_w + rand \times (x_b - x_w) \tag{4.7a}$$

$$x'_{wg} = x_w + rand \times (x_g - x_w), \quad f(x'_{wb}) \geqslant f(x_w) \tag{4.7b}$$

$$x'_{wbg} = x_w + rand \times (x_b - x_w) + rand \times (x_g - x_w), \quad f(x'_{wg}) \geqslant f(x_w) \tag{4.7c}$$

$$x'_w = \cos(k \arccos x_w), \quad k \geqslant 2, \quad f(x'_{wbg}) \geqslant f(x_w) \tag{4.7d}$$

式中，rand是0到1之间的随机数。首先由公式（4.7a）产生更好的解，用该解取代原先适应值最坏的青蛙，否则，将x_b替换成x_g，继续公式（4.7b）产生新解。如果适应值还是没能得到提高，则用公式（4.7c）产生新解，若还没提高则利用混沌变量随机产生一个新解取代原先最坏的青蛙。

3. "游荡者"群组

在自然界和人类社会活动中，除了渐变的和连续光滑的变化现象外，还存在着大量的突然变化和跃迁现象，这种变化一般具有突发性、多向性和随机性等特点，从某种意义上来讲，突变有利于新物种的产生。混沌理论看似混乱却有着精致的内在结构，具有随机性、遍历性及规律性等特点。应用 k 阶Chebyshev混沌映射对个体进行映射，已有文献证明k为偶数时产生的序列的随机性好，且2阶Chebyshev混沌映射和μ=4时的Logistic强混沌映射的相图一致，产生的个体新位置呈现遍历性、随机性和多样性，在收敛区域以外空间可有效地搜索全局最优位置，当映射产生的新个体的适应度优于当前全局最优个体的适应度时，则更新全局最优个体。

4.3.3　算法群组自适应分组策略

混洗蛙跳算法在分组过程中，适应值相对较差的个体总是被分在最后一组，使得该组最差个体向本组最优个体学习所获得的效果不如前面的分组，这样的分组造成个体学习具有一定的局限性。但是可以将这种局限性通过将前面几个子群定为"探索者"群组，最后的几个子群定为"游荡者"群组，其他的子群定为"追随者"群组来化解，因此每个群组包含的子群个数多少严重影响算法的寻优能力，下面给出一种自适应分组方法：

Step 1：求解所有子群中的最优个体适应度值的平均值 f_{avg}。

Step 2：求解大于 f_{avg} 的所有子群中的最优个体适应度值的平均值 f'_{avg}。

Step 3：求解小于 f_{avg} 的所有子群中的最优个体适应度值的平均值 f''_{avg}。

Step 4：求解子群中的最优个体的适应度值大于 f'_{avg} 的子群个数Num_{cloud}。

Step 5：求解子群中的最优个体的适应度值小于 f''_{avg} 的子群个数Num_{chaos}。

Step 6：对Num_{cloud}和Num_{chaos}进行变换。

$$\begin{cases} Num_{\text{cloud}} = \dfrac{\left[\dfrac{M}{2} - Num_{\text{cloud}} \times \sin\left(\dfrac{\pi}{2} \times \dfrac{n}{N}\right) \times \left[-LN\left(\dfrac{Num_{\text{cloud}}}{M}\right)\right]\right]}{2} \\ Num_{\text{chaos}} = \left[a + \left(\dfrac{Num_{\text{chaos}} - A}{B - A}\right) \times (b - a)\right] \times \sin\left(\dfrac{\pi}{2} \times \dfrac{n}{N}\right) \end{cases} \tag{4.8}$$

式中，M为传统蛙跳算法分组后子群的个数；n为传统蛙跳算法当前运行的第n代；N为传统蛙跳算法的总迭代次数，由于"游荡者"群组在算法进化中起变异作用，因此不宜取得过多，所以需要将其进行区域变换并保持其变化形态；$[A, B]$为运算过程中Num_{chaos}的范围；$[a, b]$为实际需要定为"游荡者"群组的子群个数范围。

4.3.4　自适应分组混沌云模型蛙跳算法流程

自适应分组混沌云模型蛙跳算法流程如图4.4所示。

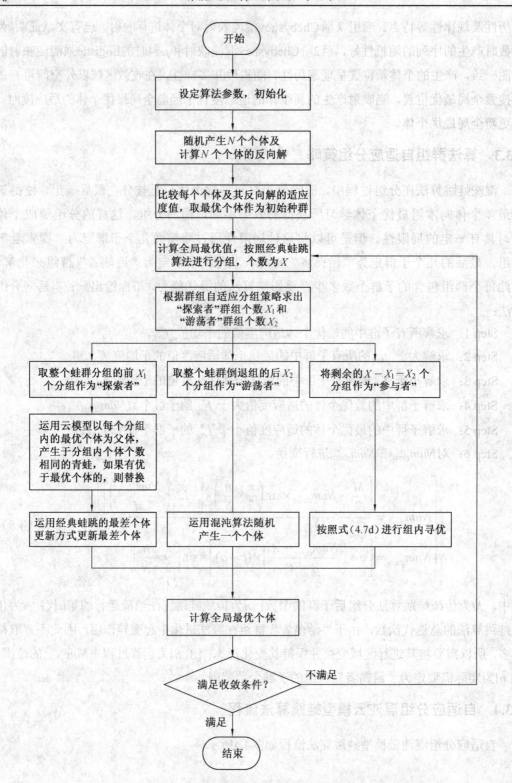

图 4.4　自适应分组混沌云模型蛙跳算法流程图

4.3.5　实验仿真

以8个函数极值优化为例，通过与粒子群优化算法（PSO）、混洗蛙跳算法（SFLA）、固定分组混沌云模型蛙跳算法（GCCM-SFLA）和自适应分组混沌云模型蛙跳算法（AGCCM-SFLA）对比，验证算法的优化性能。粒子群参数设置如下：种群大小均为200，最大迭代数均为5 000，每个函数独立运行20次，误差精度为10E-10；蛙跳算法参数设置如下：种群大小均为200，分为10个子群，每个子群20个青蛙，子群内部迭代次数为10次，最大迭代数均为5 000，每个函数独立运行20次，误差精度为10E-10。均匀设计是一种试验设计方法，它舍弃了正交设计的整齐可比性，只考虑试验点的均匀分布，能用较少的试验点获得最好的均匀性，通过均匀设计固定分组混沌云模型蛙跳算法的分组比例为2∶7∶1；然后比较4种算法的最优结果、最差结果、平均结果、平均收敛迭代代数和平均运行时间。

$$f_1 = 0.5 + \frac{\sin^2\sqrt{x_1^2 + x_2^2} - 0.5}{[1 + 0.001(x_1^2 + x_2^2)]^2}, \quad -100 \leqslant x_i \leqslant 100$$

该函数是二维的复杂函数，具有无数个极小值点，最小值为0。

$$f_2 = (4 - 2.1x_1^2 + \frac{1}{3}x_1^4)x_1^2 + x_1x_2 + (-4 + 4x_2^2)x_2^2, \quad -3 \leqslant x_1 \leqslant 3; -2 \leqslant x_2 \leqslant 2$$

该函数有6个局部最优解，全局最优值为-1.031 628 453 489 88。

$$f_3 = \left\{\sum_{i=1}^{5} i\cos[(i+1)x_1 + i]\right\} \times \left\{\sum_{i=1}^{5} i\cos[(i+1)x_2 + i]\right\}, \quad -10 \leqslant x_i \leqslant 10$$

该函数是二维的复杂函数，存在760个局部极值点，最小值为-186.730 908 831 023 9。

$$f_4 = -\cos(x_1)\cos(x_2) \times \exp[-(x_1 - \pi)^2 - (x_2 - \pi)^2], \quad -100 \leqslant x_i \leqslant 100$$

该函数有一个全局最小值-1。

$$f_5 = \sum_{i=1}^{n} X_i^2, \quad -100 \leqslant x_i \leqslant 100, n = 10$$

该函数存在许多局部极小点，全局最小值为0。

$$f_6 = 20 + \exp(1) - 20\exp\left(-\frac{1}{5}\sqrt{\frac{1}{n}\sum_{i=1}^{n} x_i^2}\right) - \exp\left[\frac{1}{n}\sum_{i=1}^{n}\cos(2\pi x_i)\right], \quad -32.768 \leqslant x_i \leqslant 32.768, n = 10$$

该函数有一个全局最小值0。

$$f_7 = \frac{1}{4\,000} \sum_{i=1}^{n} x_i^2 - \prod_{i=1}^{n} \cos\left(\frac{x_i}{\sqrt{i}}\right) + 1, \quad -600 \leqslant x_i \leqslant 600, n = 10$$

该函数存在许多局部极小点，数目与问题的维数有关，全局最小值为0。

$$f_8 = 100 + \sum_{i=1}^{n} \left[x_i^2 - 10\cos(2\pi x_i) \right], \quad -5.12 \leqslant x_i \leqslant 5.12, n = 10$$

该函数是个多峰值的函数，全局最小值为0。

函数 $f_1 \sim f_8$ 的运行仿真结果对比分别见表4.3～4.10。

表 4.3　函数 f_1 的运行仿真结果对比

算法	最优结果	最差结果	平均结果	平均时间/s	方差
PSO	1.410 6E−12	0.009 7	9.72E−04	0.276	9.44E−06
SFLA	8.123 4E−12	9.3419 E−11	5.794 8E−11	0.192	4.08E−21
CM−SFLA	5.788 9E−12	9.7600 E−11	4.414 8E−11	0.117	2.58E−21
GCCM−SFLA	4.120 9E−12	7.1768 E−11	3.573 8E−11	0.106	2.05E−21
AGCCM−SFLA	5.428 4E−13	8.1157 E−11	2.764 0E−11	0.087	1.51E−21

表 4.4　函数 f_2 的运行仿真结果对比

算法	最优结果	最差结果	平均结果	平均时间/s	方差
PSO	−1.031 6	−1.031 6	−1.031 6	1.715	1.37E−19
SFLA	−1.031 6	−1.031 6	−1.031 6	1.456	3.69E−21
CM−SFLA	−1.031 6	−1.031 6	−1.031 6	1.034	3.25E−21
GCCM−SFLA	−1.031 6	−1.031 6	−1.031 6	0.973	3.18E−21
AGCCM−SFLA	−1.031 6	−1.031 6	−1.031 6	0.871	1.61E−21

表 4.5　函数 f_3 的运行仿真结果对比

算法	最优结果	最差结果	平均结果	平均时间/s	方差
PSO	−186.730 9	−186.730 9	−186.730 9	2.605	1.64E−14
SFLA	−186.730 9	−186.730 9	−186.730 9	2.537	3.26E−21
CM−SFLA	−186.730 9	−186.730 9	−186.730 9	1.051	2.73E−21
GCCM−SFLA	−186.730 9	−186.730 9	−186.730 9	0.635	2.14E−21
AGCCM−SFLA	−186.730 9	−186.730 9	−186.730 9	0.467	1.24E−21

表 4.6　函数 f_4 的运行仿真结果对比

算法	最优结果	最差结果	平均结果	平均时间/s	方差
PSO	−1	−1	−1	2.384	5.10E−21
SFLA	−1	−1	−1	1.935	4.62E−21
CM−SFLA	−1	−1	−1	1.097	3.57E−21
GCCM−SFLA	−1	−1	−1	0.896	2.96E−21
AGCCM−SFLA	−1	−1	−1	0.714	1.68E−21

表 4.7　函数 f_5 的运行仿真结果对比

算法	最优结果	最差结果	平均结果	平均时间/s	方差
PSO	9.660 5E−11	0.013 9	9.81E−04	132.875	1.07E−05
SFLA	1.088 0E−10	9.977 3E−10	7.727 6E−10	1.463	6.59E−20
CM−SFLA	5.254 9E−11	3.751 8E−10	9.941 1E−11	1.308	4.29E−21
GCCM−SFLA	1.659 6E−11	9.937 7E−11	6.206 3E−11	0.723	3.91E−21
AGCCM−SFLA	1.238 0E−12	6.231 9E−11	4.9783 9E−11	0.605	3.07E−21

表 4.8　函数 f_6 的运行仿真结果对比

算法	最优结果	最差结果	平均结果	平均时间/s	方差
PSO	8.245 5E−5	3.404 2	1.954 3	144.74 8	4.90
SFLA	1.840 8	1.840 8	1.840 8	6.981	3.39
CM−SFLA	3.308 5E−10	9.057 5E−10	7.220 4E−10	3.327	6.76E−21
GCCM−SFLA	5.502 7E−11	9.996 5E−11	8.132 2E−11	1.365	5.51E−21
AGCCM−SFLA	3.613 5E−12	8.983 3E−11	5.004 3E−11	1.041	3.48E−21

表 4.9　函数 f_7 的运行仿真结果对比

算法	最优结果	最差结果	平均结果	平均时间/s	方差
PSO	0.073 9	0.518 9	0.265 5	147.376	8.41E−02
SFLA	0.029 5	0.120 6	0.066 9	5.341	5.21E−03
CM−SFLA	2.651 3E−10	9.858 6E−10	5.488 3E−10	3.507	4.69E−21
GCCM−SFLA	3.917 6E−11	9.089 2E−11	7.145 8E−11	0.883	3.78E−21
AGCCM−SFLA	5.946 9E−12	7.710 3E−11	4.773 1E−11	0.812	2.34E−21

表 4.10　函数 f_8 的运行仿真结果对比

算法	最优结果	最差结果	平均结果	平均时间/s	方差
PSO	5.969 7	40.793 2	17.710 2	139.393	4.12E+02
SFLA	4.767 7E-11	1.989 9	0.597 2	3.671	9.91E-01
CM-SFLA	6.815 6E-11	5.152 8E-10	8.182 4E-10	1.891	4.42E-21
GCCM-SFLA	2.418 2E-11	9.805 5E-11	6.895 3E-11	0.652	3.98E-21
AGCCM-SFLA	9.379 2E-12	8.876 1E-11	5.182 4E-11	0.513	3.12E-21

从仿真结果对比可以看出，本书所提的自适应分组混沌云模型蛙跳算法具有很好的求解精度和求解速度，分析原因主要有以下两个方面：

（1）从最优结果、最差结果、平均结果可以看出，粒子群优化算法的寻优效果最差，SFLA、CM-SFLA和GCCM-SFLA次之，AGCCM-SFLA最优。虽然 $f_2 \sim f_4$ 保留4位小数的计算结果是一样的，但从实际计算精度来看AGCCM-SFLA更接近全局最优值。这是因为算法采用反向学习机制的种群初始化增加了个体接近最优解的机会，且云模型的稳定倾向性可以较好地保护最优个体，从而实现对周围更优值的自适应定位，随机性可以保持个体的多样性，加快算法的进化速度和寻优效率，同时引入的混沌理论使算法进化后期很好地避免陷入局部最优，有利于获得全局最优解，进而解决了算法在一些复杂函数时容易陷入早熟收敛、收敛速度慢、容易陷入局部最优的缺陷。

（2）从平均收敛迭代代数、运行时间和方差可以看出，SFLA的迭代次数相对粒子群优化算法的迭代次数要少，若要考虑蛙跳算法子群内部的迭代次数，则SFLA的迭代次数要多，但是从运行时间来看，还是SFLA较快。分析其原因是SFLA在迭代时只更新最差粒子，最好情况下一次迭代只计算一次，最坏情况则才计算3次，相对于粒子群每次迭代更新所有粒子计算量要少，所以速度快；而且AGCCM-SFLA的运行时间和方差都优于前几种算法，对于 $f_5 \sim f_8$ 的计算结果更优，说明AGCCM-SFLA对高维多峰函数的求解具有很好的适应性。

4.4　基于元胞自动机的混洗蛙跳优化算法

为了提高混洗蛙跳算法的寻优性能，许多学者通过改进算法的分组方式、参数设置、个体更新和与其他智能算法相结合等方面得到了较好的优化效果。本节将元胞自动机演化嵌入混洗蛙跳算法中来改进分组策略，应用云模型改进个体更新方式，利用基于元胞个体自身能量的演化规则来模拟生物进化的动态特征，进而加快寻优速度和提高群体多样性获取全局最优解。

4.4.1　元胞自动机工作原理

在生态系统中，生物之间的相互作用并不是时时刻刻都在进行，某一时刻生物个体处于静止状态，但是下一时刻就有可能处于激活状态，因此个体之间彼此的作用是一个动态过程。元胞自动机（Cellular Automata，CA）可以通过重复简单的演化规则而产生复杂的系统行为，利用不同的演化规则可以模拟生态系统中个体不同的生存状态及个体的局部进化。利用元胞自动机的这种特点可以更好地模拟自然进化智能，有利于提高群体个体的多样性，进而达到加速进化算法的收敛速度。元胞自动机是一个空间和时间都离散的动力系统，用数学符号表示元胞的组成 $C = (L_d, S, N, f)$，它由 5 个基本部分组成：

（1）元胞（Cellular）：将每个青蛙的适应度作为元胞单元。

（2）元胞空间（Lattice）：采取二维元胞空间，四边形网格空间排列对问题进行求解。

（3）邻域（Neighbor）：每个邻域内所有元胞用 $N = (S_1, S_2, \cdots, S_n)$ 表示，n 表示元胞邻域的个数，本书采用摩尔型（Moore）邻居模型（中心元胞的上、下、左、右、左上、右上、左下和右下相邻 8 个元胞作为该元胞的邻居），如图 4.5 所示。

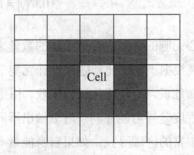

图 4.5　元胞自动机摩尔型邻居模型

（4）演化规则（Evolution Rules）：也可称为状态转移函数，用来确定每个元胞个体下一时刻的状态，可以依据当前元胞个体的状态及其邻域内元胞的状态来确定，本书提出一种基于元胞个体自身能量的演化规则。

（5）状态集（State Set）：在任意时刻一个元胞个体只有一种状态。依据本书给出的演化规则进行状态更新，所有元胞个体通过简单的相互作用来构成复杂动态系统的演化。

4.4.2　基于元胞自动机的混洗蛙跳优化算法

1. 基于个体自身能量的演化规则

现有的元胞自动机将元胞个体分布在 $n \times n$ 的空间网格中，设元胞具有"生"和"死"两种状态，初始时所有元胞的状态都为"生"，而元胞下一时刻"生"或"死"状态的确定，则需要通过一定的演化规则，由本时刻及该元胞的所有邻居元胞的状态决定。有学者采用以下 3 种规则模拟生命系统的稳定、周期及复杂状态。

$$
\begin{cases}
\text{如果} \quad S^t = 1 \quad \text{那么} \quad S^{t+1} = \begin{cases} 1, |N_s| = 2,3 \\ 0, |N_s| \neq 2,3 \end{cases} \\
\text{如果} \quad S^t = 0 \quad \text{那么} \quad S^{t+1} = \begin{cases} 1, |N_s| = 3 \\ 0, |N_s| \neq 3 \end{cases}
\end{cases}
\tag{4.9}
$$

$$
\begin{cases}
\text{如果} \quad S^t = 1 \quad \text{那么} \quad S^{t+1} = \begin{cases} 1, |N_s| = 1,2,3,4 \\ 0, |N_s| \neq 1,2,3,4 \end{cases} \\
\text{如果} \quad S^t = 0 \quad \text{那么} \quad S^{t+1} = \begin{cases} 1, |N_s| = 4,5,6,7 \\ 0, |N_s| \neq 4,5,6,7 \end{cases}
\end{cases}
\tag{4.10}
$$

$$
\begin{cases}
\text{如果} \quad S^t = 1 \quad \text{那么} \quad S^{t+1} = \begin{cases} 1, |N_s| = 2,4,6,8 \\ 0, |N_s| \neq 2,4,6,8 \end{cases} \\
\text{如果} \quad S^t = 0 \quad \text{那么} \quad S^{t+1} = \begin{cases} 1, |N_s| = 1,3,5,7 \\ 0, |N_s| \neq 1,3,5,7 \end{cases}
\end{cases}
\tag{4.11}
$$

这些演化规则是利用中心元胞的邻域内存活个体的数量来决定其"生"或"死"的状态,然而实际优化过程中则需根据不同优化问题来设计元胞个体的演化规则,否则容易因为演化规则的不适而引发生命危机,致使优化过程失败。由生物学理论可知,生物群体中的个体依据其自身内部能量程度差异可能在同一时刻做出不同的觅食决策,生物个体将会倾向于用最少的能量在食物丰富的区域寻找,如果自身能量不足以找到维持生命的食物,则可能会趋向于休眠状态保持体力,以便有机会获取更多的能量,若长时间没有得到保持体力的能量则趋于死亡状态,则表明生物个体的觅食决策受自身能量制约。标准蛙跳算法中青蛙子群经过若干次内部迭代后再通过重新分组继续进化,可将每一次子群内部迭代称为一个进化周期,一个进化周期的一次迭代记为一次能量消耗(这里考虑每次迭代消耗的能量相同),对于经过若干次迭代后,计算每个青蛙适应度的方差:

$$
\overline{X_i} = \frac{X_{i1} + X_{i2} + \ldots + X_{iT}}{T}, \qquad i \in (1,2,\cdots,N)
$$

$$
D_i = \frac{(X_{i1} - \overline{X_i})^2 + (X_{i2} - \overline{X_i})^2 + \cdots + (X_{iT} - \overline{X_i})^2}{T}
$$

式中, X_i 为第 i 个青蛙在 T 内的适应度均值; T 为子蛙群内部迭代次数; N 为中心元胞和邻域元胞个体数之和(根据摩尔型邻居模型本章 $N = 8+1$),通过方差值可知,方差越小,说明迭代过程中适应值变化不大,可能陷入局部最优解。元胞在一个进化周期后的演化规则分为 3 种状态:

（1）"生"状态：如果该中心元胞优于邻域中所有元胞，此时不考虑方差的大小，则状态设置为"生"状态；如果该元胞既不是邻域所有元胞中的最优值，也不是最差值，且方差值不是所有元胞方差的最小值，说明该元胞还有生命活力，则状态设置为"生"状态。

（2）"休眠"状态：如果该元胞既不是邻域所有元胞中的最优值，也不是最差值，方差值是所有元胞方差的最小值，则状态设置为"休眠"状态，在下一进化周期迭代时优先被复活。

（3）"死"状态：如果该元胞是邻域所有元胞中的最差值，此时不考虑方差的大小，则置为"死"状态。

2. 个体进化方式改进

混洗蛙跳算法个体更新方式是更新子群的最差个体，最差个体首先参考子群内最优个体进行更新，如适应值提高则替换，若更新效果没有提高，则再参考种群内最优个体，若还不能提高则随机产生一个个体替代该最差个体。这种方式使得获取的信息过于单一，没有同时考虑这两个最优个体对最差个体的影响，导致算法在处理大规模复杂问题时容易陷入局部最优。考虑到元胞混洗蛙跳算法每次更新的是"生"的元胞，将该元胞和其邻域的元胞构成蛙跳算法的子种群，这样该元胞会出现以下 3 种状态：

（1）状态 1。该元胞是该子群的最优个体，则依据混洗蛙跳算法的更新方式则不需要更新，但是社会学原理指出优秀个体附近往往存在着更优个体，即局部最优值附近往往存在更优值，在其附近更有机会发现最优值，则更新该元胞采用正态云模型算法。即将其看作一个正态云滴 $C(Ex, En, He)$，用它产生与本组数量相同的一组云滴，也就是一组蛙，如果新的这组蛙中有比原来个体更优秀的个体，则就用它替换旧的最优个体，否则，不做处理。具体生成算法如下：Ex 是新个体生成的中心，故将组内最优个体作为 Ex；En 体现搜索范围，故将当代适应度方差 σ^2 作为 En，动态改变搜索范围；同时将 $En/5$ 作为 He，初期加大算法的随机性，后期加强算法的稳定性。

（2）状态 2。该元胞是该子群的最差个体 x_w，考虑到原有更新方式没有考虑子群最优个体 x_b 和全局最优个体 x_g 的同时影响，则对其个体更新方式进行修正，如果更新后的个体还不如原个体，则应用 k 阶 Chebyshev 混沌映射对个体进行映射，k 为偶数时产生的序列的随机性好，且 2 阶 Chebyshev 混沌映射和 $\mu = 4$ 时的 Logistic 强混沌映射的相图一致，产生的个体新位置呈现遍历性、随机性和多样性，可有效地在收敛区域以外空间搜索全局最优位置，公式如下：

$$x'_{wb} = x_w + rand \times (x_b - x_w) \tag{4.12a}$$

$$x'_{wg} = x_w + rand \times (x_g - x_w), \quad f(x'_{wb}) \geqslant f(x_w) \tag{4.12b}$$

$$x'_w = \cos(k \arccos x_w), \quad k \geqslant 2, \quad f(x'_{wg}) \geqslant f(x_w) \tag{4.12c}$$

式中，*rand* 为[0, 1]的随机数；*k* 为 Chebyshev 混沌映射的阶。

（3）状态 3。该元胞既不是该子群的最优个体也不是该子群的最差个体，则依据最优觅食理论，动物觅食行为中总是趋向于耗费更低的能量而获得更多的食物，以达到能效最好。计算某一个体受到的能效吸引力的公式如下：

$$
\begin{cases}
d_{jk} = \sqrt{\sum_{s=1}^{n}(x_{js} - x_{ks})^2} \\
F_{jk} = \dfrac{f(x_j) - f(x_k)}{d_{jk}}, \quad F_{jk} = -F_{kj}
\end{cases}
\tag{4.13}
$$

这里仅考虑 $F_{jk} \geqslant 0$ 的情况，设对更新个体产生最大能效作用力的个体所处的位置为 x_{nx}，为了丰富元胞个体的参考信息，改进经典算法的个体更新方式，在更新位置时同时参考子群内最优个体 x_b、全局最优个体 x_g 和 x_{nx}。新的位置按公式（4.14）计算：

$$
x = x_w + rand \times (x_b - x_w) + rand \times (x_g - x_w) + w \times (x_{nx} - x_w)
\tag{4.14}
$$

式中，*rand* 为[0, 1]的随机数；*w* 为吸引系数。

3. 种群规模增长模型

设定元胞空间为固定大小，即食物能量供给始终为常数，则在能量固定的环境中，单一种群在元胞空间中存活个体规模的增长率与环境中剩余能量的丰盈程度成正比，本节提出单一种群增长公式如下：

$$
P_{\text{Num}}^{t+1} = P_{\text{Num}}^{t} + k\left(1 - \frac{N'}{N}\right) \times \frac{N}{2}
$$

式中，P_{Num}^{t+1} 为第 *t*+1 次迭代的子群数；P_{Num}^{t} 为第 *t* 次迭代的子群数；*k* 为收缩系数；*N* 为子群中元胞个体数（根据摩尔型邻居模型本节 *N* 取 8）；*N'* 为第 *t* 次迭代的子群中"生"的元胞个体数。考虑到子群规模使用的是增长模型，所以需要补充一些"生"的元胞，本节优先对"休眠"状态的元胞进行复活，对于"死"状态的元胞则采用 Chebyshev 混沌映射，进而可以增加种群的多样性。

4.4.3 元胞混洗蛙跳优化算法流程

元胞混洗蛙跳优化算法流程如图 4.6 所示。

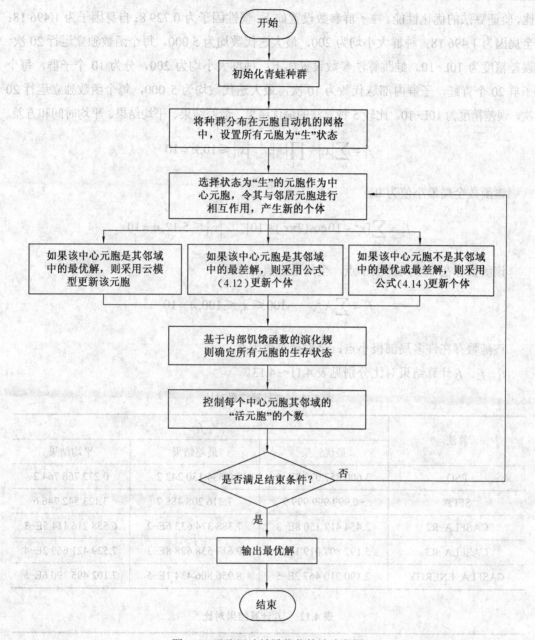

图 4.6 元胞混洗蛙跳优化算法流程图

4.4.4 实验仿真

元胞混洗蛙跳优化算法采用 Java 语言实现，运行平台为 Windows 2003，处理器为双核 2.5 GHz，内存为 2 G。以 3 个函数极值优化为例，并通过与粒子群优化算法（PSO）、混洗蛙跳算法（SFLA）、基于演化规则Ⅱ（CASFLA-R2）和演化规则Ⅲ（CASFLA-R3）的蛙跳算法以及基于个体自身能量的演化规则的蛙跳算法（CASFLA-ENERGY）进行对比,验证算法的优化性能。粒子群参数设置如下:惯性因子为 0.729 8;自身因子为 1.496 18;全局因为 1.496 18;种群大小均为 200,最大迭代数均为 5 000,每个函数独立运行 20 次,误差精度为 10E-10。蛙跳算法参数设置如下:种群大小均为 200,分为 10 个子群,每个子群 20 个青蛙,子群内部迭代数为 10 次,最大迭代数均为 5 000,每个函数独立运行 20 次,误差精度为 10E-10。比较 5 种算法的最优结果、最差结果、平均结果、平均时间和方差。

$$f_1 = \sum_{i=1}^{n} |x_i| + \prod_{i=1}^{n} |x_i|, \quad |x_i| \leqslant 10, n = 10$$

该函数全局最小值为 0。

$$f_2 = \sum_{i=1}^{n} [x_i^2 - 10\cos(2\pi x_i) + 10], \quad |x_i| \leqslant 5.12, n = 10$$

该函数存在许多局部极小点,全局最小值为 0。

$$f_3 = \sum_{i=1}^{n} X_i^2, \quad -100 \leqslant x_i \leqslant 100, n = 10$$

该函数存在许多局部极小点,全局最小值为 0。

f_1、f_2、f_3 计算结果对比分别见表 4.11～4.13。

表 4.11　f_1 计算结果对比

算法	f_1		
	最优结果	最差结果	平均结果
PSO	3.600 857 070 3E-4	0.634 130 242 2	0.272 766 764 2
SFLA	-0.999 999 999 9	7.316 208 488 7	3.123 542 746 6
CASFLA-R2	2.454 412 150 8E-3	7.388 374 633 6E-2	6.558 216 114 5E-3
CASFLA-R3	5.192 807 019 1E-4	9.617 538 628 8E-3	7.529 421 669 2E-4
CASFLA-ENERGY	2.190 910 467 2E-5	8.956 806 434 1E-5	7.102 495 190 6E-5

表 4.12　f_2 计算结果对比

算法	f_2		
	最优结果	最差结果	平均结果
PSO	33.907 057 671 3	148.942 796 432 5	104.770 892 898 9
SFLA	2.098 913 785 8E-4	9.359 040 449 2E-2	5.252 850 394 6E-3
CASFLA-R2	5.284 661 597 2E-5	9.192 646 643 8E-4	6.528 111 384 7E-4
CASFLA-R3	2.658 273 559 8E-6	8.375 522 497 7E-5	5.529 165 658 3E-5
CASFLA-ENERGY	8.020 251 129 8E-7	7.136 697 195 2E-6	3.421 618 875 1E-6

表 4.13　f_3 计算结果对比

算法	f_3		
	最优结果	最差结果	平均结果
PSO	9.660 468 827 7E-11	0.013 900 757 8	9.81E-04
SFLA	1.088 032 456 9E-10	9.977 360 774 1E-10	7.727 605 530 0E-10
CASFLA-R2	6.423 128 530 10E-11	5.799 938 638 3E-10	8.799 938 638 3E-11
CASFLA-R3	4.879 252 805 76E-11	9.963 141 422 9-10	7.879 252 805 7E-11
CASFLA-ENERGY	2.875 957 200 48E-12	7.261 169 526 2E-11	5.866 906 794 5E-11

从仿真结果对比可以看出，CASFLA-R2 和 CASFLA-R3 基本上能获得较好的寻优结果，但精度不如 CASFLA-ENERGY，本节所提出的基于元胞自动机的混洗蛙跳算法具有很好的求解精度和求解速度，且在提高精度的同时保持最优解的标准差较小，表现出了较好的稳定性。

本章小结

混洗蛙跳算法从提出至今，许多学者对算法进行了研究、优化，这使得算法的性能越来越强，应用领域也越来越广泛，其今后的研究方向可分为以下方面：

（1）算法参数的研究。混洗蛙跳算法的参数（群体规模、子族群个数、进化次数等）并没有一个统一的标准，在面对实际问题时，参数的选择仍以实验为基础，针对不同的问题选择怎样的参数组合也没有结论。

（2）算法策略的改进。混洗蛙跳算法虽然收敛速度快，但容易陷入局部最优，如何更好地解决这一问题一直是学者们的研究方向。

（3）开辟新的应用领域。混洗蛙跳算法虽然在一些领域得到了较好的应用，但是相对于一些成熟的智能算法，其应用领域就显得较为局限，能否在其表现不佳的领域与其他智能算法结合来提升性能，是值得探究的。

第 5 章　人工蜂群优化算法

1995 年，美国 Cornell 大学的 Seeley 教授研究了蜂群中的智能行为，提出了蜂群中的自组织模拟模型将蜜蜂分为不同的社会阶层，各自只能完成单一的任务，个体之间通过摇摆舞、气味等多种方式，协同完成构建蜂巢、组织采蜜、繁殖幼蜂等复杂的工作。美国 Virginia Tech 大学的 Teodorovic 于 2003 年提出蜂群优化算法（Bee Colony Optimization，BCO），并将它用于求解复杂的运输问题；英国 Cambridge 大学的 Yang 等人于 2005 年提出了一种虚拟蜜蜂算法（Virtual Bee Algorithm，VBA），用于二维函数寻优，并与遗传算法的寻优效果进行了对比。土耳其 Erciyes 大学的 Karaboga 于 2005 年首次提出了更为完善的、可用于多维空间优化问题的人工蜂群优化（Artificial Bee Colony，ABC）算法。其工作原理是模拟蜜蜂的采蜜机制，通过不同分工的蜂群间相互协作完成进化搜索工作，具有操作简单、设置参数少、收敛速度更快、收敛精度更高的优点。对人工蜂群优化算法及其改进算法的应用层出不穷，从最初的非线性函数的优化问题，逐步拓展到神经网络权值优化、电力系统设计、图像分析、生产调度和聚类分析等领域。

5.1　人工蜂群优化算法原理

1946 年，德国生物学家 Karl Von Frisch 通过研究揭示了蜜蜂以跳舞的方式来传达蜜源信息。采蜜蜂返回蜂巢放下花蜜之后，会到跳舞区左一圈右一圈地跳起像 "8" 字形的舞蹈，在 8 字舞的中间阶段采蜜蜂会扇动翅膀停留在原位，同时腹部还会左右摆动，并发出声音，将食物源的距离和数量等信息告知其他蜜蜂，因此蜜蜂的舞蹈又被称为 "摇摆舞"。蜜蜂的摇摆舞中包含有两部分重要信息：①摇摆时所对应的方向表示蜜源的方位，其平均角度表示采集地点与太阳位置的角度；②摇摆的持续时间决定了蜜源的距离，摇摆时间越长说明食物距离越远。蜜蜂找到蜜源后，通过摇摆舞将所搜索到的蜜源的距离及方位告知其他蜜蜂，根据蜜源中蜂蜜的数量及品质可以招募到数量不等的其他工蜂一起去开采。

5.1.1　生物学模型

　　自然界中的蜂群总是能较快地找到蜂巢周围的优质蜜源。如图 5.1 所示，负责采蜜的工蜂通过不断地在蜂巢附近随机地寻找蜜源，如果发现某一个地方的蜜源量超过它所接受的范围，则在此处采完蜜后返回到蜂巢，并在卸蜜蜂房放下蜜后，会飞到蜂巢的摇摆舞区跳起摇摆舞，将食物源的距离和数量等信息告知其他工蜂，如图 5.1 中 EF1 所示。其他工蜂收到摇摆舞传递的信息后，会评估这一蜜源的优劣，进而决定是否一同前往采蜜。因此，招募到的工蜂数量取决于蜜源的质量。当采蜜蜂跳完摇摆舞后，就与招募到的同伴一起飞回到发挥原先的蜂蜜源继续采蜜。如果在这一轮采集蜜源之后，花蜜的数量或质量仍然很高，它们会在采蜜回到蜂巢后，通过摇摆舞继续招募更多的同伴去采蜜。这个过程如图 5.1 中 EF2 所示。当蜜源处的蜂蜜被采集殆尽，采蜜蜂会将此位置抛弃，飞回蜂巢后不再招募同伴，如图 5.1 中 UF 所示。之后它与其他蜂巢内的蜜蜂一样，没有了关于蜜源的任何信息。这类蜜蜂通常有两种选择：①受蜂巢内部或外部因素刺激，自发地随机搜索蜂巢附近的潜在蜜源，当重新发现新蜜源后，它会记住蜜源的位置并采蜜，重新变为采蜜蜂招募同伴；②在蜂巢内等待，通过观察采蜜蜂的摇摆舞后，被招募并根据获得的信息寻找蜜源采蜜卸蜜。由此可知，蜜蜂在采蜜过程中有明显的分工合作，整个群体表现出高度的社会化水平和智能水平，从而能适应各种自然环境，获得足够的食物和能量保持种群繁衍。人工蜂群优化算法就是受蜂群采蜜过程中的智能行为的启发所提出的。

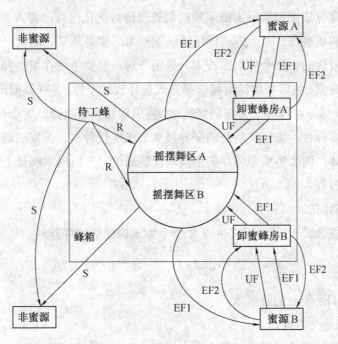

图 5.1　蜜蜂采蜜工作图

　　蜜蜂采蜜行为与人工蜂群优化算法求解优化问题的对应关系如下：

　　（1）蜜源：即为待求解优化问题的可行解，人工蜂群优化算法中所要处理的基本对象。

　　（2）适应度：指蜜源的丰富程度，用来描述可行解质量的好坏。

　　（3）群体规模：群体中个体数量的总和。

　　（4）引领蜂：一个引领蜂对应一个蜜源，引领蜂存储有蜜源的相关信息，并将这些信息以一定的概率与跟随蜂分享。

　　（5）跟随蜂：在蜂巢的摇摆舞区，跟随蜂通过分享引领蜂的蜜源信息去选择开采蜜源。

　　（6）侦察蜂：完成在蜂巢附近随机搜索新的蜜源。

　　（7）招募跟随蜂算子：引领蜂在摇摆舞区将蜜源的信息传递给跟随蜂，吸引更多的蜜蜂到所采蜜源附近采蜜。

　　（8）放弃蜜源算子：每个蜜源都有一定的开采极限，若蜜源被持续开采超过该极限次数，则原来在此开采的引领蜂会放弃该蜜源而变为侦察蜂，并寻找新的采蜜位置。

　　（9）变异算子：蜜蜂在搜索蜜源的过程中所采用的是一种搜索策略，也就是在解空间中产生新解的方法，该方法的性能优劣直接决定着解的搜索效率和质量。

　　（10）选择算子：选择体现了"适者生存"的原则，是搜索最优解的关键因素，常用的有轮盘赌法、锦标赛法等。

5.1.2　人工蜂群优化算法原理

　　人工蜂群优化算法模拟实际蜜蜂采蜜机制处理函数优化问题，将人工蜂群分为3类：引领蜂、跟随蜂和侦察蜂。人工蜂群优化算法的基本思想是从某一随机产生的初始群体开始，在适应度值较优的一半个体周围搜索，采用一对一的竞争生存策略择优保留个体，该操作称作引领蜂搜索；然后利用轮盘赌选择方式选择较优个体，并在其周围进行贪婪搜索，产生另一半个体，这一过程称之为跟随蜂搜索。将引领蜂和跟随蜂产生个体组成新的种群，避免丧失种群的多样性，进行侦察蜂的变异搜索形成迭代种群。该算法通过不断地迭代计算，保留优良个体，淘汰劣质个体，向全局最优解靠近。下面以求解最小化问题为例简要阐述其具体寻优过程：

　　（1）种群初始化。

　　在解空间内按公式（5.1）随机生成 N 个个体 x_i 构成初始种群。

$$x_i = x_i^{min} + rand \times (x_i^{max} - x_i^{min}), \quad i = 1, 2, \cdots, N \qquad (5.1)$$

式中，$rand$ 为[0,1]区间上的随机数。

　　（2）引领蜂进化方式。

　　将种群中个体按照适应度值按从小到大排序，取前 $N/2$ 组成引领蜂种群，后 $N/2$ 构成跟随蜂种群。对于当前第 t 代引领蜂种群中的个体 $x_i(t)$，随机选择个体 $k \in [1, 2, \cdots, N/2]$（其

中 $i \neq k$）按公式（5.2）进行交叉搜索生成新个体 $x_i'(t)$。

$$x_i'(t) = x_i(t) + rand \times [x_i(t) - x_k(t)] \tag{5.2}$$

式中，$rand$ 为[-1,1]区间上的随机数。按公式（5.3）选择较优的个体更新引领蜂种群。

$$x_i(t+1) = \begin{cases} x_i'(t), & f[x_i(t)] > f[x_i'(t)] \\ x_i(t), & f[x_i(t)] \leqslant f[x_i'(t)] \end{cases} \tag{5.3}$$

（3）跟随蜂进化方式。

各跟随蜂依引领蜂适应度的大小按选择概率公式（5.4）在引领蜂种群中选择引领蜂 x_k，$k \in [1,2, \cdots, N/2]$，并在其邻域内按公式（5.2）进行新位置的搜索，产生新个体 $x_k(t)$，$k \in [N/2+1, N/2+2, \cdots, N]$，形成跟随蜂种群。

$$P_i = \frac{f_i t_i}{\sum\limits_{i=1}^{N/2} f_i t_i} \tag{5.4}$$

（4）侦察蜂进化方式。

为了避免在迭代进化后期丧失种群的多样性，人工蚁群优化算法将经过连续 limit 代进化适应度不变的个体转换成侦察蜂，并按公式（5.1）重新产生新个体。通过引领蜂种群、跟随蜂种群及侦察蜂的进化搜索，经过反复循环寻优直到算法迭代到最大迭代次数或种群的最优解达到预定误差精度时结束。

5.1.3　人工蜂群优化算法在函数优化中的应用

函数优化问题是人工蜂群优化算法的经典应用领域，也是对各种蜂群算法性能评测的常用算例。很多人构造出了各种各样的复杂形势的测试函数，有连续函数，也有离散函数；有凸函数，也有凹函数；有低维函数，也有高维函数；有单峰函数，也有多峰函数等。各个函数特征及参数设置见表 5.1。

表 5.1　各个函数特征及参数设置

函数	名称	特征	维数	范围	最小值	最大代数
$f_1(\boldsymbol{x}) = \sum\limits_{i=1}^{D} x_i^2$	Sphere	单峰	30	$\|x_i\| \leqslant 100$	0	200
$f_2(\boldsymbol{x}) = \sum\limits_{i=1}^{D} [x_i^2 - 10\cos(2\pi x_i) + 10]$	Rastrigin	多峰	30	$\|x_i\| \leqslant 5.12$	0	200
$f_3(\boldsymbol{x}) = -20\exp\left(-0.2\sqrt{\sum\limits_{i=1}^{D} x_i^2 / D}\right)$ $-\exp\left(\sum\limits_{i=1}^{D}\cos(2\pi x_i) / D\right) + 20 + e$	Ackley	多峰	30	$\|x_i\| \leqslant 32$	0	200
$f_4(\boldsymbol{x}) = \frac{1}{4\,000}\sum\limits_{i=1}^{D} x_i^2 - \prod\limits_{i=1}^{D}\cos\left(\frac{x_i}{\sqrt{i}}\right) + 1$	Griewank	多峰	30	$\|x_i\| \leqslant 600$	0	200

图 5.2 是用 Matlab 实现人工蜂群优化算法对 4 个函数的优化所得到的最优值、最差值、平均值和适应度随着迭代次数增加的变化曲线。

表 5.2   4 个函数运行仿真结果

函数	维数	种群	limit	最大代数	最优值	最差值	平均值
Sphere	30	20	100	100	0.001 7	8.342 7E−06	4.230 6E−04
Rastrigrin	30	20	100	100	12.362 9	3.180 9	6.971 4
Ackley	30	20	100	100	0.737 0	0.022 4	0.337 2
Griewank	30	20	100	100	0.168 8	7.739 5E−04	0.075 5

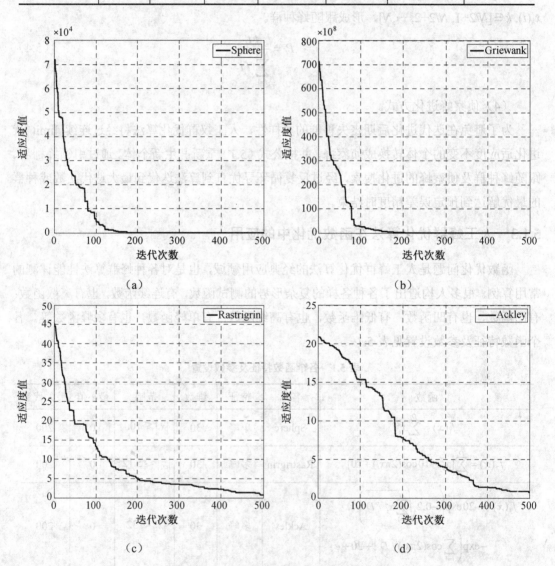

图 5.2   4 个函数的优化迭代曲线

5.2　自适应混合文化蜂群算法原理

　　从计算模型的角度出发，符合文化算法要求的进化算法都可以嵌入文化算法框架，本节将引领蜂、跟随蜂和侦察蜂划分为信念空间、群体空间和外部空间，3 个空间通过自有的改进进化方式完成空间内个体的进化，利用影响函数实现空间之间各类知识的传播和继承，进而加速算法寻优速率，提升算法寻优性能及解决问题的适应性。

5.2.1　基于佳点集理论的个体初始化

　　进化算法中种群初始化大多采用随机方式生成，若生成的个体分布在最优解周围，则算法快速收敛到最优解的概率将加大。在未知最优解所在位置的情况下，若要加速算法收敛、改善寻优性能，就需要让初始化的种群尽可能均匀分布在整个解空间。佳点集理论表明：近似计算函数在 s 维欧氏空间单位立方体上的积分时，采用 n 个佳点得到的加权和比任何其他 n 个点获得的误差都小。已有学者将其应用到种群的初始化，取得了很好的寻优效果，定义如下：

　　设 G_s 是 s 维欧氏空间中的单位立方体，如果 $r \in G_s$，形为 $p_n(k) = \{(\{r_1^{(n)}k\}, \{r_2^{(n)}k\}, \cdots, \{r_s^{(n)}k\})$，$1 \leqslant k \leqslant n\}$，其偏差 $\varphi(n)$ 满足 $\varphi(n) = C(r,\varepsilon)n^{-1+\varepsilon}$，其中，$C(r,\varepsilon)$ 是只与 r 和 $\varepsilon(\varepsilon > 0)$ 有关的常数，则称 $p_n(k)$ 为佳点集，r 为佳点。一般情况下，取 $r = \{2\cos(2\pi k/p)$，$1 \leqslant k \leqslant s\}$，$p$ 是满足 $(p-s)/2 \geqslant s$ 的最小素数。

5.2.2　信念空间的进化方式

　　蜂群算法中的引领蜂是群体空间中最优子集，因此将其作为信念空间中的个体。经典人工蜂群优化算法中引领蜂进化方式是任意选择一个个体与某个体进行交叉操作，这种方式可能存在两个个体互为选择进化的情况，也可能会出现同一个个体与多个个体交叉进化的情况，虽然存在一个随机因子会保证新生个体的多样性，但是这些个体的进化方向却相对稳定，对收敛速度会造成影响。同时每次迭代过程中最优个体都会找一个不如它的个体进行交叉，虽然存在能找到比其更优个体的可能性，但其操作的本质是在进行局部寻优。所以有必要对引领蜂的进化方式进行两种改进。

1. 信念空间内最优个体的进化方式

　　社会学原理指出在优秀个体周围较易发现更优个体，即局部最优值周围往往存在更优值。云模型在知识表达时具有不确定中带有确定性、稳定之中又有变化的特点，体现了自然界物种进化的基本原理。本节采用正态云模型算法完成最优个体的进化行为。将最优个体作为期望（Ex）表示搜索中心；用当代适应度方差 σ^2 作为熵（En）来动态改变寻优搜索范围；用超熵（He）控制云滴的离散度，初期加大算法的随机性，后期加强算法的稳定性，设置 $He = En/5$，产生与空间内个体数量相同的一组云滴，如果新个体较优则替换。

2. 信念空间内非最优个体的进化方式

差分进化算法是为求解切比雪夫多项式拟合问题而提出的一种采用浮点矢量编码在连续空间中进行随机搜索的优化算法，具有原理简单、受控参数少的优势，采用最优排序差分变异策略作为非最优个体的进化规则为

$$x_i' = x_b + F(x_{r_1} - x_{r_2}) \tag{5.5}$$

式中，随机选择的互不相同且不同于该更新个体的两个个体，然后对适应度进行排序，选择 3 个个体最优的个体作为 x_b，较优个体作为 r_1，最差个体作为 r_2；F 为比例缩放因子。如果适应度相差很小，说明两个个体在空间中相隔很近，F_i 应取较大值，以防止扰动量过小；如果适应度相差很大，说明两个个体在空间相隔很远，F_i 应取较小值，以限制扰动量过大。下面给出一种确定方式：

$$F_i = F_l + (F_u - F_l)\frac{f_{r_1} - f_b}{f_{r_2} - f_b} \tag{5.6}$$

式中，F_u、F_l 分别为 F_i 的上限和下限；f_{r1}、f_{r2}、f_b 分别为个体 r_1、r_2 和 x_b 的适应度。

5.2.3　群体空间的进化方式

用跟随蜂组成群体空间，人工蜂群优化算法的进化机理使其在求解高维连续优化问题时效果不够理想。这主要是因为跟随蜂种群的搜索方式是择优选择个体进行贪婪搜索，虽然有利于加速收敛速度，但也增加了在解决高维优化问题时易陷入局部最优的概率。自然界中蜜蜂在采蜜过程中多数是以较少的移动来获取更多的蜜源，这也符合最优觅食理论：为获得较优的觅食效果，生物更趋向在觅食过程中以更低的能效耗费来获得更多的食物。蜜蜂间的能效吸引力为

$$\begin{cases} d_{ik} = \sqrt{\sum_{s=1}^{n}(x_{is} - x_{ks})^2} \\ F_{ik} = \dfrac{f(x_i) - f(x_k)}{d_{ik}}, \quad F_{ik} = -F_{ki} \end{cases} \tag{5.7}$$

设对蜜蜂个体 x_i 产生最大 F_{ik} 的蜜蜂个体为 x_{nx}，x_k 是在信念空间按原有选择方式选择的个体，为了丰富进化个体的参考信息，对于第 t 代个体进行更新：

$$x_i'(t) = x_i(t) + rand[x_i(t) - x_k(t)] + w[x_i(t) - x_{nx}(t)] \tag{5.8}$$

式中，$rand$ 为 $[0,1]$ 的随机数；w 为吸引系数。

从式(5.8)可以看出，吸引系数 w 的取值会影响寻优性能，在人工蜂群优化算法进化初期种群的多样性较多，这时适应度较差的个体可能离最优个体较远，其应该在向最优个体靠近时先获取足够的能量，故此时 w 的取值应该较大，而在进化后期多数个体已经趋于最优值的附近，此时 w 的取值应该较小，加快收敛速度。w 的自适应取值为

$$w = a + (b-a)\left[1 - \frac{f_i}{f_{\text{best}}}\sin\left(\frac{\pi}{2}\frac{t}{T}\right)\right]$$

式中，$[a, b]$ 为 w 的取值范围。

5.2.4　外部空间的进化方式

外部空间由侦察蜂构成，反向学习理论可以使人工蜂群优化算法获取较好的收敛速率和优化性能。混沌映射使生成的个体呈现遍历性、随机性和多样性，可有效地在收敛区域以外空间搜索全局最优位置。采取 k 阶 Chebyshev 混沌映射完成个体变异，按式（5.9）计算适应度，取最优个体更新侦察蜂。

$$\begin{cases} x' = a + b - x \\ x_{\text{new}} = \cos(k\arccos x), & k \geqslant 2 \\ x'_{\text{new}} = \cos(k\arccos x'), & k \geqslant 2 \end{cases} \tag{5.9}$$

5.2.5　影响函数的设计

外部空间的个体主要是来自人工蜂群优化算法进化过程中连续 limit 代进化适应度不变的个体，本书依旧沿用这种策略。利用影响函数将群体空间中的知识传递到信念空间，其目的是给信念空间分配若干个优秀个体参与信念空间的进化。通常采用预设的比例因子 α，按照这个比例优选群体空间内的优秀个体与信念空间的个体采用锦标赛法替换信念空间内的个体。对于进化初期种群的多样性程度较高，此时 α 的选择比例应较大；进化后期种群的多样性程度降低，表明种群聚集在全局最优或局部最优，此时 α 应设置一个较小比例。方差是衡量随机变量或一组数据是离散程度的度量，方差越大离散程度越大。$E_t(x) = (e_1(x), e_2(x), \cdots, e_t(x))$ 为第 1 代到第 t 代适应度的方差。采用式（5.10）计算每次迭代后的选择比例，方差越大则公式计算值越大，说明当前进化周期的适应值离散程度大，故应提供相对较多的个体经验。

$$\alpha(t) = \alpha_{\min} + (\alpha_{\max} - \alpha_{\min})\left\{e_t(x) \div \sum_{i=1}^{t}[e_1(x) + \cdots + e_i(x) + e_t(x)]\right\} \tag{5.10}$$

式中，$\alpha_{\max}$ 为比例因子的最大值；$\alpha_{\min}$ 为比例因子的最小值。

5.2.6　算法流程

（1）初始化算法的相关参数，并采用佳点集理论产生种群个体。

（2）计算种群个体的适应度，将种群分为信念空间、群体空间和外部空间。

（3）按照 5.2.2 节的进化方式进化信念空间中的个体，按照 5.2.3 节的进化方式进化群体空间中的个体，按照 5.2.4 节的进化方式进化外部空间中的个体。

（4）计算个体适应度，满足结束条件则退出，否则执行步骤（5）。

（5）利用影响函数完成 3 种空间知识的传递。

（6）转到步骤（3），直到满足终止条件。

5.2.7　实验仿真

为验证本书算法的性能，以 8 个函数极值优化为例，与标准粒子群优化算法（PSO）、经典遗传算法（GA）、混洗蛙跳算法（SFLA）和经典蜂群算法（ABC）的寻优性能进行对比。5 种算法的种群个体均设置为 100，最大进化次数均设置为 4 000，寻优精度均设置为 10×10^{-10}，各测试函数独立运行 20 次；粒子群优化算法运行参数：惯性因子 0.729 8，自身因子 1.496 18，全局因子 1.496 18；GA 运行参数：交叉概率 P_c=0.8，变异概率 P_m=0.01；SFLA 运行参数：分为 10 个子群，每个子群 10 个青蛙，子群内部迭代次数为 20 次；ABC 算法的 limit=100。比较 5 种算法的最优结果、最差结果、平均结果、平均运行时间和方差。其中，最优结果、最差结果反映解的质量，平均结果显示算法所能达到的精度，平均时间反映算法的收敛速度，方差反映算法的稳定性和鲁棒性。

$$f_1 = 0.5 + \frac{\sin^2 \sqrt{x_1^2 + x_2^2} - 0.5}{[1 + 0.001(x_1^2 + x_2^2)]^2}, \quad -100 \leqslant x_i \leqslant 100$$

该函数是二维的复杂函数，具有无数个极小值点，最小值为 0。

$$f_2 = \sum_{i=1}^{n} [x_i^2 - 10\cos(2\pi x_i) + 10], \quad |x_i| \leqslant 5.12, n = 10$$

该函数存在许多局部极小点，全局最小值为 0。

$$f_3 = \sum_{i=1}^{n} |x_i| + \prod_{i=1}^{n} |x_i|, \quad |x_i| \leqslant 10, n = 10$$

该函数全局最小值为 0。

$$f_4 = x_1^2 + 2x_2^2 - 0.3\cos(3\pi x_1 + 4\pi x_2) + 0.3, \quad -100 \leqslant x_i \leqslant 100$$

该函数有一个全局最小值 0。

$$f_5 = \sum_{i=1}^{n} X_i^2, \quad -100 \leqslant x_i \leqslant 100, n = 10$$

该函数存在许多局部极小点，全局最小值为 0。

$$f_6 = 20 + \exp(1) - 20\exp\left[-\frac{1}{5}\sqrt{\frac{1}{n}\sum_{i=1}^{n}x_i^2}\right] - \exp\left[\frac{1}{n}\sum_{i=1}^{n}\cos(2\pi x_i)\right], \quad -32.768 \leqslant x_i \leqslant 32.768, n = 10$$

该函数有一个全局最小值 0。

$$f_7 = \frac{1}{4\,000}\sum_{i=1}^{n}x_i^2 - \prod_{i=1}^{n}\cos\left[\frac{x_i}{\sqrt{i}}\right] + 1, \quad -600 \leqslant x_i \leqslant 600, n = 10$$

该函数存在许多局部极小点，数目与问题的维数有关，全局最小值为 0。

$$f_8 = 100 + \sum_{i=1}^{n}\left[x_i^2 - 10\cos(2\pi x_i)\right], \quad -5.12 \leqslant x_i \leqslant 5.12, n = 10$$

该函数是个多峰值的函数，全局最小值为 0。

$f_1 \sim f_8$ 运行仿真结果对比见表 5.3～5.10。

表 5.3　f_1 运行仿真结果对比

算法	f_1				
	最优结果	最差结果	平均结果	平均运行时间/s	方差
PSO	$1.410\,6 \times 10^{-12}$	0.009 7	9.72×10^{-4}	22.957	3.53×10^{-1}
GA	2.932×10^{-10}	0.642	0.261	25.687	1.62×10^{3}
SFLA	8.128×10^{-12}	9.356×10^{-11}	5.753×10^{-11}	19.217	4.08×10^{-21}
ABC	9.153×10^{-12}	8.197×10^{-6}	2.173×10^{-8}	15.361	7.19×10^{-10}
AMC-ABC	8.203×10^{-12}	6.215×10^{-10}	4.127×10^{-11}	5.386	4.923×10^{-21}

表 5.4　f_2 运行仿真结果对比

算法	f_2				
	最优结果	最差结果	平均结果	平均运行时间/s	方差
PSO	33.907	148.942	104.779	23.618	$3.28E \times 10^{-1}$
GA	40.918	369.462	267.396	26.397	1.03×10^{2}
SFLA	2.098×10^{-4}	9.359×10^{-2}	5.256×10^{-3}	15.496	7.31×10^{-5}
ABC	3.852×10^{-3}	7.265	6.527×10^{-2}	16.038	5.25×10^{-1}
AMC-ABC	6.025×10^{-10}	8.307×10^{-8}	3.418×10^{-9}	6.014	5.43×10^{-17}

表 5.5　f_3 运行仿真结果对比

算法	f_3				
	最优结果	最差结果	平均结果	平均运行时间/s	方差
PSO	3.603×10^{-4}	0.632	0.273	33.268	3.62×10^4
GA	5.038×10^{-2}	7.62	4.826	36.623	5.43×10^5
SFLA	-0.999	7.317	3.126	25.096	1.00
ABC	2.295×10^{-2}	8.015	4.095	17.629	6.21×10^2
AMC-ABC	2.521×10^{-12}	6.538×10^{-9}	5.612×10^{-10}	5.712	4.02×10^{-19}

表 5.6　f_4 运行仿真结果对比

算法	f_4				
	最优结果	最差结果	平均结果	平均运行时间/s	方差
PSO	2.138×10^{-10}	9.402×10^{-8}	5.504×10^{-9}	33.405	2.63×10^{-13}
GA	2.459×10^{-8}	7.713×10^{-7}	6.748×10^{-8}	36.526	6.25×10^{-11}
SFLA	3.261×10^{-11}	6.237×10^{-9}	7.139×10^{-10}	19.185	7.39×10^{-14}
ABC	3.258×10^{-10}	6.132×10^{-7}	5.359×10^{-9}	15.712	6.31×10^{-13}
AMC-ABC	6.307×10^{-12}	8.125×10^{-9}	4.146×10^{-10}	5.729	$4.28E\times10^{-19}$

表 5.7　f_5 运行仿真结果对比

算法	f_5				
	最优结果	最差结果	平均结果	平均运行时间/s	方差
PSO	9.667×10^{-5}	0.019	9.81×10^{-4}	132.875	1.25×10^{-5}
GA	0.288	0.716	0.392	148.28	5.38×10^1
SFLA	1.088×10^{-10}	9.971×10^{-10}	7.723×10^{-10}	14.63	6.59×10^{-19}
ABC	3.127×10^{-6}	5.157×10^{-2}	8.302×10^{-4}	18.03	5.34×10^{-4}
AMC-ABC	2.719×10^{-12}	7.627×10^{-10}	5.841×10^{-10}	6.578	1.37×10^{-19}

表 5.8　f_6 运行仿真结果对比

算法	f_6				
	最优结果	最差结果	平均结果	平均运行时间/s	方差
PSO	8.416×10^{-5}	3.583	1.586	144.748	4.96
GA	2.783	11.687	7.539	162.846	1.07×10^2
SFLA	1.840	1.840	1.840	16.981	3.39
ABC	5.016×10^{-4}	2.018	2.129	18.163	5.08
AMC-ABC	4.126×10^{-10}	8.702×10^{-8}	6.108×10^{-9}	6.852	5.12×10^{-17}

表 5.9　f_7 运行仿真结果对比

算法	f_7				
	最优结果	最差结果	平均结果	平均运行时间/s	方差
PSO	0.072	0.529	0.264	147.376	8.62×10^{-2}
GA	1.287	13.643	1.951	168.21	6.38×10^2
SFLA	0.029	0.121	0.067	15.284	5.21×10^{-3}
ABC	0.062	0.561	0.301	18.581	4.28×10^{-2}
AMC-ABC	6.267×10^{-11}	8.137×10^{-8}	6.01×10^{-9}	6.318	3.58×10^{-17}

表 5.10　f_8 运行仿真结果对比

算法	f_8				
	最优结果	最差结果	平均结果	平均运行时间/s	方差
PSO	5.952	40.732	17.725	139.393	4.31×10^2
GA	9.924	78.752	30.639	162.634	6.35×10^3
SFLA	4.767×10^{-11}	1.989	0.597	13.671	9.91×10^{-1}
ABC	5.236×10^{-5}	2.243	7.845	19.235	5.72×10^{-2}
AMC-ABC	8.208×10^{-12}	9.315×10^{-9}	5137×10^{-10}	6.815	3.29×10^{-19}

从表 5.1～5.8 的运行结果可知,AMC-ABC 的求解精度和速度都要优于其他 4 种算法。从以下两方面进行分析:

（1）对比最优结果、最差结果、平均结果可知，AMC-ABC 的求解性能最好。其原因为：①因为蜜蜂种群采用佳点集理论进行初始化，增加了蜜蜂个体快速定位到最优解的概率；②信念空间采用的云模型算法有益于最优个体向其附近更优值进行自适应定位，同时云模型的随机性又保持了蜜蜂个体的多样性，进而起到提高寻优性能和速率的作用；

③由反向理论和混沌理论产生的个体变异，有利于算法在寻优后期增加个体多样性，可有效地在收敛区域以外空间搜索全局最优位置，进而改善算法在求解一些高维优化函数收敛速率慢、易早熟等问题。

（2）对比运行时间和方差可知，AMC-ABC 的性能要优于其他进化算法，分析其原因是：SFLA 和 ABC 的进化方式较粒子群优化算法和 GA 的简单，且调整参数少，同时它们利用小生镜的方式进行寻优，速度相对快一些。SFLA 在分组内迭代一定次数后再重新分组，在一定程度上与 ABC 经过 limit 次迭代后变成侦查蜂相似，所以二者的性能较相似。而 AMC-ABC 在进化过程中采用云模型和最优排序差分变异策略使得个体更新时既保持了随机性，又使得个体变化带有确定性，与经典算法的随机方式相比更易向最优解方向靠近。而基于最优觅食理论的群体空间更新机制有利于避免算法参数试算，虽然在每次迭代进化过程中增加了计算量，但通过迭代次数可以看出，其收敛的速度确实得到很大提高，使得运行时间较短。同时，仿真结果表明 AMC-ABC 对高维多峰函数的求解具有很好的适应性。

5.3　基于人工蜂群优化算法的 *K*-Means 聚类

聚类作为一种无监督学习，是数据挖掘领域的一个重要研究方向。聚类就是将数据对象分成多个簇（类），同一簇内的对象相似度尽可能大，不同簇间的对象相似度尽可能小。*K* 均值聚类（*K*-Means Clustering，KMC）算法是一种基于划分思想的聚类算法，它具有思路简单、聚类快速、局部搜索能力强的优点，但也存在对初始聚类中心选择敏感、全局搜索能力较差、聚类效率和精度低的局限性问题。KMC 算法对初始点敏感和全局搜索能力较差问题，吸引了很多学者对该问题的研究与改进。

K-Means 算法接受参数 *k*，然后将事先输入的 *n* 个数据对象划分为 *k* 个聚类，使得所获得的聚类满足：同一聚类中的对象相似度较高，而不同聚类中的对象相似度较小。聚类相似度是利用各聚类中对象的均值所获得一个"中心对象"来进行计算的。*K*-Means 算法的基本思想是：以空间中 *k* 个点为中心进行聚类，对最靠近它们的对象归类。通过迭代的方法，逐次更新各聚类中心的值，直至得到最好的聚类结果。

5.3.1　*K*-Means 算法原理

K-Means 算法也被称为 *K*-平均或 *K*-均值，是一种最广泛使用的聚类算法。它是将各个聚类子集内的所有数据样本的均值作为该聚类的代表点，算法的主要思想是通过迭代过程把数据集划分为不同的类别，使得评价聚类性能的准则函数达到最优，从而使生成的每个聚类内紧凑和类间独立。划分聚类方法对数据集进行聚类时包括如下 3 个要点：

（1）选定某种距离作为数据样本间的相似性度量。

K-Means 算法不适合处理离散型属性，对连续型属性比较适合。因此在计算数据样本之间的距离时，可以根据实际需要选择欧式距离、曼哈顿距离或者明考斯距离中的一种来作为算法的相似性度量，其中最常用的是欧式距离。

假设给定的数据集 $X = \{x_m | m = 1, 2, \cdots, \text{total}\}$，$X$ 中的样本用 d 个描述属性 $A_1, A_2, \cdots, A_d$ 来表示，并且 d 个描述属性都是连续型属性。数据样本 $X_i = (X_{i1}, X_{i2}, \cdots, X_{id})$，$X_j = (X_{j1}, X_{j2}, \cdots, X_{jd})$ 其中，$X_{i1}, X_{i2}, \cdots, X_{id}$ 和 $X_{j1}, X_{j2}, \cdots, X_{jd}$ 分别是样本 X_i 和 X_j 对应 d 个描述属性 $A_1, A_2, \cdots, A_d$ 的具体取值。样本 X_i 和 X_j 之间的相似度通常用它们之间的距离 $d(x_i, x_j)$ 来表示，距离越小，样本 X_i 和 X_j 越相似，差异度越小；距离越大，样本 X_i 和 X_j 越不相似，差异度越大。欧式距离计算公式如下：

$$d(x_i, x_j) = \sqrt{\sum_{k=1}^{d}(x_{ik} - x_{jk})^2} \tag{5.11}$$

（2）选择评价聚类性能的准则函数。

K-Means 聚类算法使用误差平方和准则函数来评价聚类性能。给定数据集 X，其中只包含描述属性，不包含类别属性。假设 X 包含 k 个聚类子集 $X_1, X_2, \cdots, X_k$，各个聚类子集中的样本数量分别为 $n_1, n_2, \cdots, n_k$，各个聚类子集的均值代表点（也称聚类中心）分别为 $m_1, m_2, \cdots, m_k$。则误差平方和准则函数公式为

$$E = \sum_{i=1}^{k}\sum_{p \in X_i}\|p - m_i\|^2$$

（3）相似度的计算根据一个簇中对象的平均值来进行。

①将所有对象随机分配到 k 个非空的簇中。

②计算每个簇的平均值，并用该平均值代表相应的簇。

③根据每个对象与各个簇中心的距离，分配给最近的簇。

④然后转②，重新计算每个簇的平均值。这个过程不断重复直到满足某个准则函数才停止。

5.3.2 *K*-Means 算法流程

输入：簇的数目 K 和包含 n 个对象的数据集。

输出：K 个簇，使平方误差准则最小。

算法步骤：

（1）为每个聚类确定一个初始聚类中心，这样就有 K 个初始聚类中心。

（2）将样本集中的样本按照最小距离原则分配到最邻近聚类。

（3）使用每个聚类中的样本均值作为新的聚类中心。

（4）重复步骤（2）、（3）直到聚类中心不再变化。

（5）结束，得到 K 个聚类。

采用 K-Means 方法对 iris 数据集进行聚类，共有样本数为 150，每个样本共有 4 个属性，类别数为 3，运行结果如图 5.3 所示。

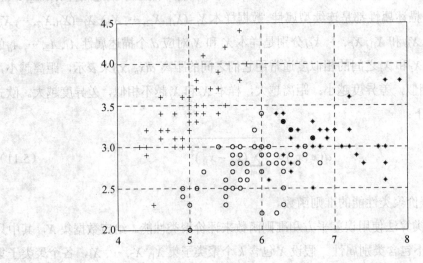

图 5.3　Iris 数据集 K-Means 聚类结果

5.3.3　基于人工蜂群优化算法的 K-Means 聚类

将人工蜂群优化算法引入到 K-Means 聚类中，可以提高聚类算法的找到全局最优解的可能性。用人工蜂群优化算法求解聚类问题，首先要解决以下两个问题：

（1）如何将聚类问题的解编码到个体中。

采用基于聚类中心的浮点数编码。把各类别的聚类中心坐标编码成个体，例如对于一个类别为 3 的聚类问题，假设数据集为 3 维的，初始的 3 个聚类中心点为（1,2,3），（4,5,6），（7,8,9），则个体编码就为（1,2,3,4,5,6,7,8,9）。

（2）如何构造适应度函数来度量每个个体对聚类问题的适应程度。

适应度函数是用来区分群体中个体好坏的标准和算法演化方向的指引。聚类实际上就是找到一种划分，使总的类间离散度之和最小的问题。故将误差平方根值作为适应度函数：

$$Fitness = \sqrt{\sum_{i=1}^{k} \sum_{p \in C_i} \| p - m_i \|^2} \tag{5.12}$$

式中，k 为聚类个数；p 为问题空间的点；m_i 为聚类中心，$m_i = \dfrac{1}{n} \sum_{i=1}^{n} x_i$。

基于人工蜂群优化算法的 K-Means 聚类算法流程如下：

（1）初始化种群，生成初始聚类中心，设置结束条件及算法运行参数。

（2）按照适应度函数计算种群中各个蜜蜂的适应值。

（3）按照人工蜂群优化算法原理进行迭代优化，生成下一代蜂群个体。

（4）判断是否满足结束条件，如满足则退出输出最优解，否则转到步骤（2）。

从 UCI 标准分类数据集中选择两种数据集进行实验，验证算法的有效性，实验由 Matlab 编程仿真实现。UCI 数据集及性能对比结果见表 5.11。

表 5.11　UCI 数据集及性能对比

UCI 数据	样本总数	特征维数	类别数量	K-Means 均方误差值	ABC_Kmeans 均方误差值
Balance	625	4	3	59.06	45.28
Iris	150	4	3	8.913	7.62

本章小结

目前人工蜂群优化算法已广泛应用于神经网络、信号与图像处理、数据挖掘、控制领域、参数优化、模型求解、多目标优化等领域。从算法寻优的机理可知人工蜂群优化算法在是一种广义的领域搜索算法，通过 3 种蜂群在不同情况下的转换，借助启发式的搜索策略，不仅有效地进行局部搜索，还具有全局寻优的能力，参数可设置的范围较广。近几年许多学者做了很多研究并提出了一些改进算法，但还需在以下几个方面进行研究：

（1）算法的数据理论体系方面研究，保证其完整性和系统性。

（2）算法中的探索-开发权衡方式与优化问题之间的定量关系，如何找出最佳探索-开发权衡方式的决定因素。

（3）计算代价与求解质量的权衡关系也是优化面对的重要问题。

（4）算法间的混合优化策略，利用各种算法的优势互补提高算法的速度和精度。

第 6 章　果蝇优化算法

果蝇优化算法（Fruit Fly Optimization Algorithm，FOA）是潘文超模拟自然界中果蝇的觅食行为提出的一种群体搜索随机优化算法。果蝇优化算法是一种基于果蝇觅食行为推演出寻求全局优化的新方法。果蝇本身在感官知觉上优于其他物种，尤其是在嗅觉和视觉上。果蝇的嗅觉器官能很好地搜集飘浮在空气中的各种气味，甚至能够嗅到 40 km 以外的食物源，果蝇飞到食物位置附近后也可使用敏锐的视觉发现食物和同伴聚集的位置，并且向该方向飞去。目前该算法已应用到求解数学函数极值、微调 Z-SCORE 模型系数、神经网络参数优化、支持向量机优化和工业设计等领域。

6.1　基本果蝇优化算法

6.1.1　算法原理

（1）设定种群规模 popsize、最大迭代次数 max_gen 及误差精度，根据寻优范围随机生成位置矢量 X_axis，Y_axis。

（2）赋予果蝇个体利用嗅觉搜寻食物的随机方向与距离，$randvalue$ 为搜索距离，即

$$X_i = X\_axis + randvalue$$
$$Y_i = Y\_axis + randvalue \tag{6.1}$$

（3）预测它到原点的距离 $Dist_i$，再计算味道浓度判定值，计算方式为

$$Dist_i = \sqrt{(X_i^2 + Y_i^2)} \tag{6.2}$$

$$S_i = \frac{1}{Dist_i} \tag{6.3}$$

（4）将公式（6.3）计算的值代入味道浓度判定函数（适应度函数），进而得到果蝇所处位置的味道浓度。

$$Smell_i = Function(S_i) \tag{6.4}$$

（5）计算所有果蝇的 $Smell_i$，并求出拥有味道浓度最大值的果蝇（当代最优个体）。

$$[bestSmell, bestindex] = \max(Smell) \tag{6.5}$$

（6）保留最佳味道浓度值 *bestSmell* 和位置信息（*X* 及 *Y*），此时，果绳群体依赖视觉器官向其飞去。

$$Smellbest = bestSmell$$
$$X\_axis = X(bestindex)$$ (6.6)
$$Y\_axis = Y(bestindex)$$

（7）进入迭代寻优，重复步骤（2）～（5），若找到比上一次迭代更优的个体，则执行步骤（6），若满足最大迭代次数 max_gen 或预设精度则退出。

果蝇算法 Matlab 实现源代码如下：

```
clc
clear
%初始化果蝇群体位置空间区间为[0,10]
X_axis=10*rand();
Y_axis=10*rand();
%设置参数
maxgen=100;  %迭代次数
sizepop=20;   %种群规模
%***果蝇寻优开始，利用嗅觉寻找食物
for i=1:sizepop
%***果蝇个体利用嗅觉搜寻食物之随机方向与距离，区间为[-1,1]
X(i)=X_axis+2*rand()-1;
Y(i)=Y_axis+2*rand()-1;
%计算味道浓度判定值
D(i)=(X(i)^2+Y(i)^2)^0.5;
S(i)=1/D(i);
%将 S 代入适应度函数 Y=3-X.^2，计算果蝇个体位置的味道浓度
Smell(i)=3-S(i)^2;
End
%***找出此果蝇群体中的味道浓度最高的果蝇（求极大值）
[bestSmell bestindex]=max(Smell);
%***保留最佳值位置,此时果蝇群体利用视觉往该位置飞去
X_axis=X(bestindex);
Y_axis=Y(bestindex);
Smellbest=bestSmell;
%果蝇迭代寻优开始
```

```
for g=1:maxgen
    for i=1:sizepop
        X(i)=X_axis+2*rand()-1;
        Y(i)=Y_axis+2*rand()-1;
        D(i)=(X(i)^2+Y(i)^2)^0.5;
        S(i)=1/D(i);
        Smell(i)=3-S(i)^2;
    End
[bestSmell bestindex]=max(Smell);
    if (bestSmell >Smellbest)
        X_axis=X(bestindex);
        Y_axis=Y(bestindex);
        Smellbest=bestSmell;
    end
    %***每代最优 Smell 值纪录到 yy 数组中，并记录最优迭代坐标
    yy(g)=Smellbest;
    Xbest(g)=X_axis;
    Ybest(g)=Y_axis;
End
```

6.1.2 函数优化仿真

由上面的果蝇优化算法进化原理可知，果蝇优化算法的调整参数较少，在不考虑迭代次数的情况下，果蝇种群的多少以及迭代次数对算法有着重要的影响，现在以 4 个函数优化来进行讨论。各个函数特征及参数设置见表 6.1。

表 6.1 各个函数特征及参数设置

函数	名称	特征	维数	范围	最小值	最大代数
$f_1(\boldsymbol{x}) = \sum\limits_{i=1}^{D} x_i^2$	Sphere	单峰	30	$\|x_i\| \leqslant 100$	0	200
$f_2(\boldsymbol{x}) = \sum\limits_{i=1}^{D-1} [100(x_{i+1} - x_i^2)^2 + (1 - x_i)^2]$	Rosenbrock	单峰	30	$\|x_i\| \leqslant 30$	0	200
$f_3(\boldsymbol{x}) = \sum\limits_{i=1}^{D} [x_i^2 - 10\cos(2\pi x_i) + 10]$	Rastrigrin	多峰	30	$\|x_i\| \leqslant 5.12$	0	200
$f_4(\boldsymbol{x}) = -20\exp\left[-0.2\sqrt{\sum\limits_{i=1}^{D} x_i^2 / D}\right] -\exp\left(\sum\limits_{i=1}^{D} \cos(2\pi x_i) / D\right) + 20 + \mathrm{e}$	Ackley	多峰	30	$\|x_i\| \leqslant 32$	0	200

4 种函数适应度变化曲线如图 6.1 所示。

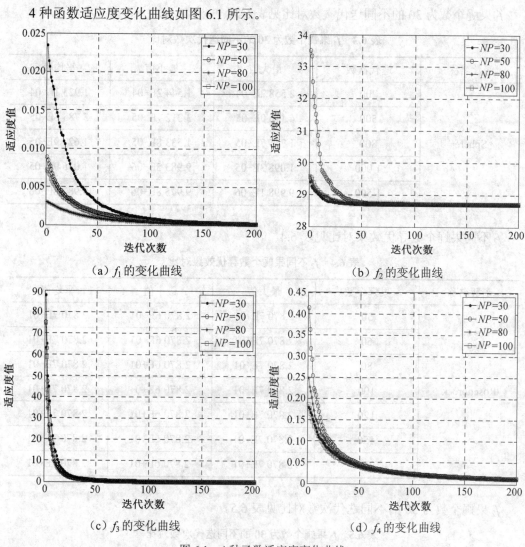

（a）f_1 的变化曲线　　　　　　　　　　　　　（b）f_2 的变化曲线

（c）f_3 的变化曲线　　　　　　　　　　　　　（d）f_4 的变化曲线

图 6.1　4 种函数适应度变化曲线

f_1 不同果蝇个数寻优效果对比见表 6.2。

表 6.2　f_1 不同果蝇个数寻优效果对比

函数名称	果蝇个数	最大值	最小值	平均值
Sphere	30	2.202 5E-04	1.383 1E-04	1.721 8E-04
	60	2.646 6E-04	1.345 6E-04	1.872 6E-04
	80	2.564 5E-04	1.602 6E-04	1.907 5E-04
	100	2.271 3E-04	1.503 7E-04	1.751 5E-04
	120	2.281 9E-04	1.385 0E-04	1.708 6E-04
	150	2.180 0E-04	1.565 5E-04	1.815 2E-04
	200	1.998 9E-04	1.403 0E-04	1.753 8E-04

f_1 果蝇个数为 30 的不同迭代次数对比见表 6.3。

表 6.3　f_1 果蝇个数为 30 的不同迭代次数对比

函数名称	迭代次数	最大值	最小值	平均值
Sphere	200	2.558 2E-04	1.544 2E-04	1.923 1E-04
	500	4.116 0E-05	3.212 7E-05	3.783 8E-05
	800	1.735 7E-05	1.533 8E-05	1.627 9E-05
	1 000	1.098 3E-05	9.983 5E-06	1.036 9E-05
	1 500	9.998 1E-06	9.975 8E-06	9.987 8E-06

f_2 不同果蝇个数寻优效果对比见表 6.4。

表 6.4　f_2 不同果蝇个数寻优效果对比

函数名称	果蝇个数	最大值	最小值	平均值
Rosenbrock	30	2.870 7E+01	2.870 6E+01	2.870 7E+01
	60	2.870 7E+01	2.870 6E+01	2.870 7E+01
	80	2.870 7E+01	2.870 6E+01	2.870 7E+01
	100	2.870 7E+01	2.870 6E+01	2.870 7E+01
	120	2.870 7E+01	2.870 6E+01	2.870 7E+01
	150	2.870 7E+01	2.870 6E+01	2.870 7E+01
	200	2.870 7E+01	2.870 6E+01	2.870 7E+01

f_2 果蝇个数为 30 的不同迭代次数对比见表 6.5。

表 6.5　f_2 果蝇个数为 30 的不同迭代次数对比

函数名称	迭代次数	最大值	最小值	平均值
Rosenbrock	200	2.870 7E+01	2.870 6E+01	2.870 7E+01
	500	2.870 7E+01	2.870 6E+01	2.870 6E+01
	800	2.870 7E+01	2.870 6E+01	2.870 6E+01
	1 000	2.870 7E+01	2.870 6E+01	2.870 6E+01
	1 500	2.870 7E+01	2.870 6E+01	2.870 6E+01

f_3 不同果蝇个数寻优效果对比见表 6.6。

表 6.6　f_3 不同果蝇个数寻优效果对比

函数名称	果蝇个数	最大值	最小值	平均值
Rastrigrin	30	6.120 6E-02	5.084 9E-02	5.556 0E-02
	60	5.489 8E-02	4.806 9E-02	5.172 9E-02
	80	5.680 4E-02	4.654 6E-02	5.148 1E-02
	100	5.379 8E-02	4.670 5E-02	5.064 1E-02
	120	5.339 5E-02	4.904 3E-02	5.090 5E-02
	150	5.336 1E-02	4.565 5E-02	5.013 3E-02
	200	5.158 0E-02	4.825 8E-02	5.004 7E-02

f_3 果蝇个数为 30 的不同迭代次数对比见表 6.7。

表 6.7　f_3 果蝇个数为 30 的不同迭代次数对比

函数名称	迭代次数	最大值	最小值	平均值
Rastrigrin	200	6.095 4E-02	5.235 1E-02	5.546 1E-02
	500	9.174 8E-03	8.351 8E-03	8.763 3E-03
	800	3.610 7E-03	3.365 6E-03	3.482 2E-03
	1 000	2.279 7E-03	2.158 7E-03	2.225 6E-03
	1 500	1.019 0E-03	9.771 5E-04	9.936 6E-04

f_4 不同果蝇个数寻优效果对比见表 6.8。

表 6.8　f_4 不同果蝇个数寻优效果对比

函数名称	果蝇个数	最大值	最小值	平均值
Ackley	30	1.237 6E-02	1.121 6E-02	1.184 0E-02
	60	1.252 3E-02	1.123 6E-02	1.185 3E-02
	80	1.235 0E-02	1.135 0E-02	1.176 2E-02
	100	1.190 7E-02	1.114 2E-02	1.168 6E-02
	120	1.257 1E-02	1.066 6E-02	1.142 7E-02
	150	1.181 3E-02	1.090 0E-02	1.137 4E-02
	200	1.188 6E-02	1.080 9E-02	1.138 5E-02

f_4 果蝇个数为 30 的不同迭代次数对比见表 6.9。

表 6.9　f_4 果蝇个数为 30 的不同迭代次数对比

函数名称	迭代次数	最大值	最小值	平均值
	200	1.238 7E-02	1.120 7E-02	1.189 4E-02
	500	4.964 1E-03	4.696 6E-03	4.803 3E-03
Ackley	800	3.077 1E-03	3.007 3E-03	3.045 5E-03
	1 000	2.476 9E-03	2.405 3E-03	2.432 3E-03
	1 500	1.656 0E-03	1.614 6E-03	1.635 9E-03

由上述 4 个函数的实验可以看出，针对这 4 个函数果蝇算法的个体数对提高寻优效果的提高不是很明显，同时当迭代次数增加到一定程度时，算法的寻优性能提高得也不高。但果蝇算法由于其计算量小，因此在相同迭代次数情况下，果蝇算法的速度相对于其他算法要快。

6.1.3　果蝇优化算法的优缺点

吴小文等将果蝇优化算法与粒子群优化算法、遗传算法、蚁群算法、鱼群算法、免疫算法等进行对比，得到寻优性能，见表 6.10。

表 6.10　各类优化算法性能对比

算法	性　　能			
	计算量	复杂度	稳定性	精度
果蝇算法	较小	较简单	较不稳定	较高
粒子群优化算法	中等	较简单	较不稳定	很低
遗传算法	较大	很复杂	较稳定	较低
蚁群算法	中等	较复杂	较稳定	较高
鱼群算法	较大	较复杂	较稳定	较高
免疫算法	很大	很复杂	很稳定	很高

从基本果蝇优化算法的原理可以看出，算法开始迭代是先随机生成一个位置，种群个体的进化是在这个位置的基础上通过随机扰动来完成个体位置的更新，进而完成寻优工作。以二维空间 $y = x_1^2 + x_2^2$，$x \in [\min, \max]$ 寻优为例（很容易扩展到 N 维空间），根据公式（6.1），假定所有的迭代过程都会找到更优解，则 X_axis 和 Y_axis 就会在此基础上不断增加 $randvalue$（<最大值），经过 L 次迭代后果蝇个体位置为

$$\begin{cases} X_i = X\_axis + \sum_{i=1}^{L} randvalue \leqslant X\_axis + \sum_{i=1}^{L} X_{max} \\ Y_i = Y\_axis + \sum_{i=1}^{L} randvalue \leqslant Y\_axis + \sum_{i=1}^{L} X_{max} \\ S_i = \dfrac{1}{\sqrt{X_i^2 + Y_i^2}} \geqslant 0 \end{cases} \qquad (6.7)$$

从公式（6.7）可知，S_i 其实相当于其他智能算法的优化个体，适应度的取值依靠于 S_i。由此可以得出以下两个结论：①基本果蝇算法不能处理最优位置在负区间的优化问题；②要使 $S_i=0$，则需 X_asis、Y_axis 很大或是 L 很大，才会使 S_i 逼近零。假设 $x\in[0,100]$，L 取值为 1 000，则对于 $y = x_1^2 + x_2^2$ 问题，果蝇算法最大能求解的精度为 E-11 次方，而实际寻优精度为 E-8 次方，且如果 $randvalue$ 每次扰动较小的话，则求解精度还会降低，这对于一些最优解在 0 点的优化函数尤其明显。这时无论是在全局还是在局部最优解附近，算法本身都不会再获得更好的求解精度，所以这就需要借助其他算法来增强寻优精度。另外，算法处理复杂问题时缺乏稳定性，是其急需解决的一个缺点。

6.2　动态分组多策略果蝇优化算法原理

果蝇优化算法与其他的群智能优化算法相比较，具有容易理解和操作、参数的调整较少等特点。但也存在易陷于局部最优和后期收敛速度慢等问题。究其原因是每个果蝇在其搜索范围内不断向种群中最优的果蝇个体飞行，通过位置的迭代找寻到全局或局部最优解，若搜索范围内没有更优个体，果蝇则做随机运动，这样就降低了发现率和收敛速度。已有学者在个体进化方式改进、种群多样性、启发式算法融合和混沌变异等方面提出一些改进方法。本节提出一种动态分组多策略果蝇优化算法（Dynamic Grouping and Multi-Strategy Fruit Fly Optimization Algorithm，DGM-FOA）。首先采用佳点集理论对果蝇种群的位置进行初始化，利用自适应分组策略对种群进行分子群寻优，在迭代过程中建立指定个数的果蝇精英池；通过果蝇精英池的个体来采用差分变异算子改进最优个体的寻优行为；在迭代后期通过评价函数计算果蝇精英池中个体的多样性来指导是否将整个种群分为优势群体和拓展群体，进而利用粒子群优化算法进化优势群体增强寻优精度，利用反向学习算法进化拓展群体避免陷入局部最优解。

6.2.1　基于佳点集理论的种群初始化

果蝇优化算法从随机初始一个位置矢量（X_asis，Y_axis）开始迭代，所有个体都是基于这个位置周围进行寻优，若这个位置在最优解附近，则能够加速算法收敛和提高寻优性能，否则会延缓收敛或陷入局部最优，所以初期采用佳点集理论初始化所有个体的位置矢量，从中以最优个体的位置为寻优起始位置，有利于加速算法效率。佳点集理论已证明近似计算函数在 s 维欧氏空间单位立方体上的积分时，用 n 个佳点构成的加权和比采用任何其他 n 个点所得到的误差都要小。已有学者将其应用到种群初始化，取得了很好的寻优效果，具体定义如下：

设 G_s 是 s 维欧氏空间中的单位立方体，如果 $r \in G_s$，形为

$$p_n(k) = \left\{ (\{r_1^{(n)} * k\}, \{r_2^{(n)} * k\}, \cdots, \{r_s^{(n)} * k\}), 1 \leqslant k \leqslant n \right\}$$

其偏差 $\varphi(n)$ 满足 $\varphi(n) = C(r, \varepsilon)^{n-1+\varepsilon}$，其中：$C(r, \varepsilon)$ 是只与 r 和 $\varepsilon(\varepsilon>0)$ 有关的常数，则称 $p_n(k)$ 为佳点集，r 为佳点。一般情况下，取 $r = \{2\cos(2\pi k / p), 1 \leqslant k \leqslant s\}$，$p$ 是满足 $(p-s)/2 \geqslant s$ 的最小素数。

6.2.2　自适应分组策略

由果蝇优化算法的进化原理可知，所有个体都是向最优个体靠近，虽然加速了算法的效率，但同时也降低了算法后期种群多样性，增加了陷入局部最优的概率。自然界中大多数生物的活动范围都具有一定的领域性，子种群规模在某一时刻也相对固定。随着不断的觅食或进化，其活动范围、规模和子群个数会随之发生变化。在进化过程中采用局部邻域则可有效地避免这种可能性。基于自然界中生物的领域特性，提出一种自适应分组策略来模拟这种特性，进而避免算法快速陷入局部最优，并且在进化过程中设置一个果蝇精英池（包含目前获得的 *Elite_Num* 个最优个体），具体分组方式如下：

（1）将整个果蝇种群分成 m 个子群，每个子群包含 n 个果蝇。

（2）把果蝇种群内的个体按适应值降序排列，将前 m 个果蝇依次分配给 m 个子群，则第 $m+1$ 个果蝇进入第一个子群，并采用贪心策略用当代最优个体更新果蝇精英池的个体。

（3）每迭代一次，计算子群内果蝇个体的方差。用方差来衡量子群内个体的离散程度，方差越小说明离散程度越小，表明或是找到最优解，或是陷入局部最优。

（4）递减子群个数 m。令 $D_m^t(x) = (D_1^t(x), D_2^t(x), \cdots, D_m^t(x))$ 为第 t 次迭代后的方差，$\alpha_i^t(x) = \dfrac{D_i^t(x)}{\sum\limits_{i=1}^{m} D_i^t(x)}$，$1 \leqslant i \leqslant m$，若存在一个 $\alpha_i^t(x)$ 较其他 $\alpha_i^t(x)$ （其中 $k \in 1, \cdots, i-1, i+1, \cdots, m$）

小很多，则说明该子群内的个体或是找到最优解，或是陷入局部最优，则可以将该子群的个体分散到其他子群中，即 $m_1=m-1$。针对寻优过程中可能存在各个子群内的 $\alpha_i^t(x)$ 相差不大的情况，若果蝇精英池里个体的方差也与 $\alpha_i^t(x)$ 相差不大，则说明整个种群或是已在最优解附近或是陷入局部最优，此时合并所有子群为一个群组；否则为了加速迭代需计算 $m_2 = \left[m - (m-1) \times \sin\left(\dfrac{\pi}{2} \times \dfrac{t}{T}\right) \right]$，其中 $\left[m - (m-1) \times \sin\left(\dfrac{\pi}{2} \times \dfrac{t}{T}\right) \right]$ 为取整函数，m 为初始的分组个数，迭代后期分组数设置为 1，最后取 $m=\min\{m_1, m_2\}$。

这种分组方式使得在进化初期果蝇种群以子群方式在各自的领域活动；随着不断进化其子群个数逐渐减少，已找到全局最优解的子群个体分散到其他子群有利于加速迭代速度，对于陷入局部最优的子群则有利于其中的个体跳出局部最优解；依据上面的分组方式可知，在迭代后期所有个体会合并为一个种群进行寻优。

6.2.3　分组内个体进化方式

对于分组内非最优果蝇个体保持原有的进化方式，而对最优果蝇个体的更新方式进行改进。在基本果蝇算法中，最优个体通过随机移动位置来更新，若找到比当前位置更优的位置则代替，否则保持原个体，虽然可以保持个体的多样性，但同时也导致个体移动的盲目性。差分进化算法已被证明是进化算法中简单而最高效的算法，具有原理简单受控参数少的优势。其主要的变异操作在很大程度上影响着了该算法的性能。采用公式（6.8）更新组内个体。

$$X\_axis_i' = X\_axis_b + F \times (X\_axis_{r_1} - X\_axis_{r_2}) + randvalue$$

$$Y\_axis_i' = Y\_axis_b + F \times (Y\_axis_{r_1} - Y\_axis_{r_2}) + randvalue$$

（6.8）

其中，从果蝇精英池中选择 3 个果蝇，适应度最优的果蝇作为 x_b，较优果蝇作为 r_1，最差果蝇作为 r_2，F 为比例缩放因子。如果适应度相差很小，则说明两个果蝇个体在空间中相隔很近，F_i 应取较大值，以防止扰动量过小；如果适应度相差很大，则说明两个果蝇个体在空间相隔很远，F_i 应取较小值，以限制扰动量过大。下面给出一种确定方式：

$$F_i = F_l + (F_u - F_l) \times \frac{f_{r_1} - f_b}{f_{r_2} - f_b}$$

（6.9）

式中，F_u、F_l 分别为 F_i 的上限和下限；f_{r_1}、f_{r_2}、f_b 分别为个体 r_1、r_2 和 x_b 的适应度。

6.2.4　迭代后期果蝇群体双子群进化原理

由果蝇算法的原理和以上分析可知，算法求解的精度在一定程度上受到随机扰动 $randvalue$ 和迭代次数 L 的制约，而且当到达某一迭代次数，其寻优精度在之后的迭代已经变化很小。出现这种情况主要有以下两种原因：①算法已经在全局最优解附近，只是果蝇最优算法本身的原理造成很难再找到精度更高的解，这时需要通过另一种快速寻优算法来进行快速求精；②算法已经陷入局部最优解，需要采用扰动技术来跳出局部最优。故本节在迭代后期通过将种群分为双子群来提高寻优效能，即分为优势子群和拓展子群。

（1）双子群自适应分组方式。

确定何时分组是分组的关键，根据上述果蝇算法的原理无论是找到全局最优解还是陷入局部最优解，其个体解的精度都是变化缓慢的，而果蝇精英池里的个体是整个过程出现的最优个体集，如果这里的个体在一定迭代次数内精度不改变，则可以将整个种群分为优势子群和拓展子群。具体分组方式如下：

Step1：统计果蝇精英池里的个体适应度精度不改变的次数，如果大于 5 次则执行 Step2。

Step2：求解所有果蝇个体适应度值的平均值 f_{avg}。

Step3：将适应度大于 f_{avg} 的果蝇个体分到优势子群。

Step4：将适应度小于 f_{avg} 的果蝇个体分到拓展子群。

由于果蝇个体每次迭代都会对适应度排序，因此该分组方法对运行时间不会造成很大的影响。

（2）优势子群进化方式。

粒子群优化算法具有易实现、参数少和收敛速度快的优势。表 6.11 和表 6.12 分别给出了粒子群优化算法与果蝇优化算法在求解 $f(x) = \sum_{i=1}^{n} x_i^2$（30 维，最优解为 0）的对比，每个实验设置均独立运行 20 次，取 20 次的平均值作为最终的结果，种群个数为 30。

从表 6.11 和表 6.12 可以看出，果蝇优化算法在给定精度下求解速度较快，但是随着迭代次数的增加果蝇优化算法的求解精度变化不大，而粒子群优化算法在达到给定精度后，则可以通过很少的迭代次数获得更好的精度。本节采用粒子群优化算法进化优势群体中个体来提高求解精度。

表 6.11　固定迭代次数的寻优效果对比

算法	最优值	寻优时间/s	固定次数
FOA	4.085E-07	0.417	2 000
PSO	5.19E-14	1.443	2 000

表 6.12　固定精度的寻优效果对比

算法	迭代次数	寻优时间/s	固定精度
FOA	758	0.352	1E-07
PSO	1 625	1.073	1E-07

将果蝇个体适应度计算过程中的 S_i 作为粒子群优化的个体，采用线性递减权值策略按照公式（6.10）进行进化，同时也要把找到的最优值来更新果蝇精英池里的个体。

$$\begin{cases} V_i(t+1) = \omega V_i(t) + c_1 rand_1[P_p(t) - S_i(t)] + c_2 rand_2[P_g(t) - S_i(t)] \\ S_i(t+1) = S_i(t) + V_i(t+1) \\ \omega = \omega_{max} - \dfrac{\omega_{max} - \omega_{min}}{t_{max}} \times t \end{cases} \qquad (6.10)$$

式中，$rand_1$ 和 $rand_2$ 为（0,1）之间的随机数；c_1、c_2 为加速常数；ω_{max}、ω_{min} 分别为 ω 的最大值和最小值；t、t_{max} 分别为当前迭代次数和最大迭代次数；$P_g(t)$ 为精英池里的最优个体；$P_p(t)$ 为个体最优值。

（3）拓展子群进化方式。

拓展子群用于跳出局部最优解，在拓展子群迭代期间获得的最优解仍采用贪心策略来更新精英果蝇群中的个体，进而可以影响优势子群的进化。Rahnamaya 证明反向学习算法具有较快的学习速度和更强的优化能力。

【定义 6.1】一维空间中任意一点，$x \in [a,b]$。如果 $x' = a + b - x$，则称 x' 为 x 的反向点。类似地，反向点也可以定义到高维空间中。

针对拓展子群内连续迭代 3 次没有改善的果蝇个体，按公式（6.11）和公式（6.12）计算新个体的位置。同时为了处理最优个体在负区间的优化问题，将公式（6.3）中的 S_i 乘上一个 $Sign(\cdot)$ 函数。

$$\begin{cases} X\_axis' = a + b - X\_axis \\ Y\_axis' = a + b - Y\_axis \\ S_i = Sign(X\_axis') / Dist_i \end{cases} \tag{6.11}$$

混沌映射产生的个体呈现遍历性、随机性和多样性，可有效地在收敛区域以外空间搜索全局最优位置。研究表明偶数阶的 Chebyshev 映射可以生成随机性较好的个体。

$$\begin{cases} S_i' = cos(karccos(S_i)); k = 2 \\ X' = X\_axis' + (a + S_i'(b-a)) \\ Y' = Y\_axis' + (a + S_i'(b-a)) \end{cases} \tag{6.12}$$

算法流程

Step 1：参数初始化，设置种群个数、最大迭代次数、精度等。

Step 2：利用佳点集理论初始化果蝇种群的初始位置。

Step 3：按照自适应分组策略进行多子群寻优。

Step 4：分组内个体采用 6.2.3 节完成个体进化，并利用 6.2.2 节完成子群的合并。

Step 5：判断是否满足求解精度或是达到最大迭代次数，如果满足则退出；否则判断是否需要将种群分成 2 个子群，如果需要则按照 6.2.4 节来完成迭代后期果蝇群体双子群进化，跳转到 Step 6；否则跳转到 Step 3。

Step 6：对于优势种群个体采用公式（6.10）进化，变异种群个体采用公式（6.11）和公式（6.12）进化，跳转到 Step 5。

6.2.5　实验仿真

运行的实验环境为：Windows 7 操作系统，Intel 酷睿 i5 处理器，主频 2.5 Hz，4 G 内存，开发工具为 Matlab。测试函数的选取具有一定的代表性，f_1~f_4 的极值在 0 点，用于测试 DGM-FOA 寻优精度；f_5~f_6 在定义域的正区间，f_7~f_8 在定义域的负区间，用于测试 DGM-FOA 在负区间的寻优性能。通过 10 个求解函数极值优化的例子来验证算法的优化性能，将所提算法与万有引力算法（GSA）、经典果蝇算法（FOA）、动态双子群协同进化果蝇优化算法（DDSCFOA）和具有 Levy 飞行特色的双子群果蝇优化算法（LFOA）进行性能比较。

1. 固定迭代次数和精度的性能测试

种群大小都设置为 50，最大迭代次数设置为 2 000，精度满足 10E-12，优化函数维数 30，对优化函数独立运行 20 次。GSA 参数设置：G_0=100，α=20；DGM-FOA 的参数设置：c_1=1.496 18、c_2=1.496 18、ω_{max}=0.9、ω_{min}=0.3。对比 5 种优化算法获得的最优结果、最差结果、平均结果和方差。其中，最优结果、最差结果反映解的质量，平均结果显示算法所能达到的精度，方差反映算法的稳定性和鲁棒性。

$$f_1 = \sum_{i=1}^{n} X_i^2, \quad -5.12 \leqslant x_i \leqslant 5.12$$

全局最优值：$\boldsymbol{x}^* = (0, \cdots, 0), f(\boldsymbol{x}^*) = 0$。

$$f_2 = \sum_{i=1}^{n} [x_i^2 - 10\cos(2\pi x_i)] + 10n, \quad |x_i| \leqslant 5.12$$

全局最优值：$\boldsymbol{x}^* = (0, \cdots, 0), f(\boldsymbol{x}^*) = 0$。

$$f_3 = \sum_{i=1}^{n} |x_i| + \prod_{i=1}^{n} |x_i|, \quad |x_i| \leqslant 10$$

全局最优值：$\boldsymbol{x}^* = (0, \cdots, 0), f(\boldsymbol{x}^*) = 0$。

$$f_4 = 20 + \exp(1) - 20\exp\left(-\frac{1}{5}\sqrt{\frac{1}{n}\sum_{i=1}^{n} x_i^2}\right) - \exp\left[\frac{1}{n}\sum_{i=1}^{n}\cos(2\pi x_i)\right], \quad |x_i| \leqslant 32.768$$

全局最优值：$\boldsymbol{x}^* = (0, \cdots, 0), f(\boldsymbol{x}^*) = 0$。

f_1 运行仿真结果对比见表 6.13。

表 6.13　f_1 运行仿真结果对比

算法	f_1			
	最优结果	最差结果	平均结果	方差
GSA	7.228E-18	2.475E-17	1.537E-17	2.062E-35
FOA	4.085E-07	4.342E-07	4.184E-07	3.56E-17
DDSCFOA	1.132E-16	1.023E-13	9.781E-15	4.682E-28
LFOA	1.083E-16	3.391E-14	7.456E-15	1.015E-28
DGM-FOA	8.237E-22	2.097E-18	1.939E-19	2.02E-37

f_2 运行仿真结果对比见表 6.14。

表 6.14　f_2 运行仿真结果对比

算法	f_2			
	最优结果	最差结果	平均结果	方差
GSA	7.960E+00	2.288E+01	1.398E+01	1.529E+01
FOA	7.954E-05	8.571E-05	8.289E-05	2.43E-12
DDSCFOA	2.500E-15	8.729E-13	1.339E-14	4.457E-28
LFOA	4.882E-15	8.804E-13	1.686E-14	5.308E-28
DGM-FOA	0	5.684E-14	8.527E-15	4.126E-28

f_3 运行仿真结果对比见表 6.15。

表 6.15　f_3 运行仿真结果对比

算法	f_3			
	最优结果	最差结果	平均结果	方差
GSA	1.378E-08	2.489E-08	1.859E-08	1.039E-17
FOA	1.776E-03	1.843E-03	1.815E-03	2.255E-10
DDSCFOA	5.043E-10	2.512E-08	6.045E-09	3.548E-17
LFOA	5.567E-10	3.201E-08	8.758E-09	9.760E-17
DGM-FOA	1.543E-14	8.935E-12	7.906E-13	3.845E-24

f_4 运行仿真结果对比见表 6.16。

表 6.16　f_4 运行仿真结果对比

算法	f_4			
	最优结果	最差结果	平均结果	方差
GSA	2.631E-09	3.806E-09	3.115E-09	1.245E-19
FOA	7.463E-05	7.692E-05	7.584E-05	2.763E-13
DDSCFOA	2.427E-08	1.146E-06	2.613E-07	1.028E-13
LFOA	7.477E-08	6.576E-05	1.194E-06	4.714E-10
DGM-FOA	8.882E-16	4.441E-15	3.553E-15	2.367E-30

2. 高维函数上的优化性能测试

对优化函数 f_1、f_2、f_3、f_4 进行维度为 $N=100$，$N=200$ 来对比 DGM-FOA 与经典的 GSA 和 FOA 的性能，各类算法的运行参数设置如 4.1，最大迭代次数为 1 000，误差精度为 10E-6。函数在每个算法中独立运行 20 次，计算平均结果、方差和平均运行时间。

表 6.17 高维函数优化性能对比

函数	算法	N=100			N=200		
		平均结果	方差	平均运行时间/s	平均结果	方差	平均运行时间/s
f_1	GSA	2.08E-03	2.51E-05	10.85	3.09E+00	7.07E-01	20.50
	FOA	9.96E-06	2.93E-16	0.46	9.97E-06	2.96E-16	0.74
	DGM-FOA	2.56E-06	2.25E-16	0.39	3.61E-06	1.41E-16	0.65
f_2	GSA	7.42E+01	1.69E+02	11.23	2.62E+02	1.04E+03	20.84
	FOA	1.32E-03	6.45E-10	1.21	2.81E-03	5.38E-09	1.98
	DGM-FOA	1.03E-05	4.91E-11	1.08	5.26E-05	9.53E-11	1.52
f_3	GSA	9.95E-01	2.27E-01	10.92	2.04E+01	1.04E+01	20.79
	FOA	1.29E-02	3.14E-08	1.62	2.65E-02	1.44E-07	2.82
	DGM-FOA	3.65E-06	6.49E-12	1.16	2.83E-5	5.37E-10	2.69
f_4	GSA	1.19E+00	2.45E-01	11.11	3.99E+00	1.80E-01	20.94
	FOA	1.51E-04	1.86E-12	1.34	1.51E-04	4.62E-12	2.26
	DGM-FOA	4.34E-06	1.71E-12	1.06	5.72E-06	7.18E-12	1.96

对比仿真结果可以看出，所提的动态分组多策略果蝇优化算法具有很好的求解精度和求解速度。从最优结果、最差结果、平均结果和方差可以看出，DGM-FOA 寻优结果最好，主要是因为采用佳点集理论增加了个体接近最优解的机会，同时利用小生镜的方式进行寻优，分组个数随着迭代过程逐渐减少，这样有利于前期进行全局寻优，后期进行局部精细挖掘，且 DGM-FOA 在进化过程中采用差分变异和混沌策略使得个体更新时既保持了随机性，又使得个体变化带有确定性，与经典算法的随机方式相比更易向最优解方向靠近，而优势种群个体借用粒子群优化算法的优势可以提高算法精度，其收敛的速度得到很大提高，使得运行时间相对较短。分析 DGM-FOA 的计算复杂度可知，虽然在分组方面增加了算法的计算量，但依据算法渐近复杂性理论可知，并未增加基本果蝇算法的时间复杂度，但是由于分组寻优和个体进化方式的改进大大提高了 DGM-FOA 在每个迭代周期里的寻优性能，避免了 FOA 在迭代后期多次迭代计算寻优精度不高的问题，故获得了较好的寻优精度和速度。

6.3   基于果蝇优化算法的极限学习机训练

6.3.1   极限学习机理论

由于传统的前馈神经网络中所有参数都需要调整，因此不同层神经元之间的权值相互依赖。过去的几十年中，前馈神经网络中广泛采用基于梯度的学习算法。可是，很显然由于难以确定合适的学习步长，各种权值的最优解均需迭代多次获得等问题，引起学习速度慢或者易陷入局部极小值。一般而言，BP 网络、SVM 为了要获得较好的学习精度一般需要迭代很多步。

不同于上述传统学习理论，2006 年 Huang GB 提出了一种新的前馈神经网络训练方法——极限学习机（Extreme Learning Machine，ELM）。该算法随机给定神经元权值中的输入权值和阈值，然后通过正则化原则计算输出权值，神经网络依然能逼近任意连续系统。由于证明了单隐层神经网络隐层节点参数的随机获取并不影响网络的收敛能力，从而使得极限学习机的网络训练速度比传统的 BP 网络、支持向量机等学习速度提高了数千倍。这一成就大大激发了神经网络在系统辨识中的广泛应用，而 Huang 将此方法命名为极限学习机的原因正是它具有“极限的学习速度”。

Huang 等依据摩尔-彭罗斯广义逆矩阵理论提出了极限学习机，通过随机给定神经元权值中的输入权值和阈值，然后通过正则化原则计算输出权值，神经网络依然能逼近任意连续系统。目前已证明了单隐层神经网络隐层节点参数的随机获取并不影响网络的收敛能力，从而使得极限学习机的网络训练速度比传统的 BP 网络、支持向量机等学习速度提高了数千倍。设 m、M、n 分别为网络输入层、隐含层和输出层的节点数，$g(x)$ 为隐层神经元的激活函数，b_i 为阈值。设有 N 个不同样本 (x_i, t_i)，$1 \leqslant i \leqslant N$，其中 $x_i=[x_{i1}, x_{i2}, \cdots, x_{im}]^T \in R^m$，$t_i=[t_{i1}, t_{i2}, \cdots, t_{im}]^T \in R^n$，则极限学习机的网络训练模型如图 6.2 所示。

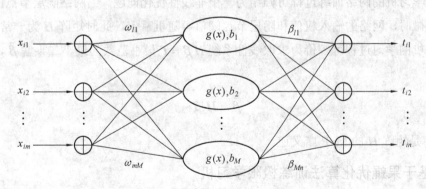

图 6.2　极限学习机的网络训练模型

极限学习机的网络模型可用数学表达式表示为

$$\sum_{i=1}^{M} \beta_i g(\omega_i \cdot x_i + b_i) = o_j, \quad j=1,2,\cdots,N$$

式中，$\omega_i=[\omega_{1i}, \omega_{2i}, \cdots, \omega_{mi}]$ 表示连接网络输入层节点与第 i 个隐层节点的输入权值向量；$\beta_i=[\beta_{1i}, \beta_{2i}, \cdots, \beta_{in}]^T$ 表示连接第 i 个隐层节点与网络输出层节点的输出权值向量；$o_i=[o_{1i}, o_{2i}, \cdots, o_{in}]^T$ 表示网络输出值。

极限学习机的代价函数 E 可表示为

$$E(S, \beta) = \sum_{j=1}^{N} \| o_j - t_j \|$$

式中，$S = (\omega_i, b_i), i = 1, 2, \cdots, M$，包含了网络输入权值及隐层节点阈值。极限学习机的学习目标就是寻求最优的 S、β，使得网络输出值与对应实际值误差最小，即 $\min[E(S, \beta)]$。进一步写为

$$\min[E(S, \beta)] = \min_{\omega_i, b_i, \beta} \| H(\omega_1, \cdots, \omega_M, b_1, \cdots, b_M, x_1, \cdots, x_N) \beta - T \|$$

式中，H 为网络关于样本的隐层输出矩阵；β 为输出权值矩阵；T 为样本集的目标值矩阵；H、β、T 分别定义如下：

$$H(\omega_1, \cdots, \omega_M, b_1, \cdots, b_M, x_1, \cdots, x_N) = \begin{bmatrix} g(\omega_1 x_1 + b_1) & \cdots & g(\omega_M x_1 + b_M) \\ \vdots & & \vdots \\ g(\omega_1 x_N + b_1) & \cdots & g(\omega_m x_N + b_M) \end{bmatrix}_{N \times M}$$

$$\beta = \begin{bmatrix} \beta_1^T \\ \vdots \\ \beta_M^T \end{bmatrix}_{M \times N}, \quad T = \begin{bmatrix} t_1^T \\ \vdots \\ t_N^T \end{bmatrix}_{N \times N}$$

极限学习机的网络训练过程可归结为一个非线性优化问题。当网络隐层节点的激活函数无限可微时，网络的输入权值和隐层节点阈值可随机赋值，此时矩阵 H 为一常数矩阵，极限学习机的学习过程可等价为求取线性系统 $H\beta = T$ 最小范数的最小二乘解 $\hat{\beta}$，其计算式为

$$\hat{\beta} = H^+ T$$

式中，H^+ 是矩阵 H 的 M-P 广义逆。

6.3.2　基于果蝇优化算法训练极限学习机

极限学习机是一种针对 SLFN 的新算法，极限学习机的输入权值矩阵 w 和隐含层偏置阈值 b 是随机给定的，只需要设置网络的隐含层节点个数就能产生唯一的最优解，具有学习速度快且泛化性能好的优点。可通过求解线性方程组的最小二乘解获得输出权值。虽然极限学习机在大部分情况下可以获得良好的性能，但是连接权值 w、偏置阈值 b、隐含层节点个数，对极限学习机的精度都存在很大影响。因此在一些实际应用中，极限学习机需要大量的隐含层节点才能达到预期的效果，而隐含层节点过多会增加网络复杂度，容易产生过拟合现象，并且造成极限学习机的泛化能力降低。

果蝇优化算法训练极限学习机的具体步骤：

（1）给定学习样本。学习样本包括输入向量和期望输出向量。

（2）建立 FOA-ELM 神经网络拓扑结构，包括确定输入层、隐含层、输出层的神经元个数和选择激活函数。

（3）产生种群。该种群由极限学习机的输入权值和阈值组成，初始化果蝇位置，根据权值和阈值的范围设置寻优范围。

（4）设置果蝇优化算法运行参数，最大迭代次数 $T=500$，种群规模 $M=20$。

（5）确定以极限学习机训练集的均方根误差作为适应度值函数，计算出每个果蝇的适应度值，求出每次迭代果蝇群体的极值。

（6）根据果蝇进化公式更新果蝇位置，并计算迭代后的适应度。

（7）判断是否达到最大迭代次数或者最小误差，若达到，则停止迭代，此时的群体极值即是经过果蝇优化算法优化的 ELM 输入权值和隐层节点阈值；若没达到，转到步骤（5），继续迭代。

6.3.3　仿真实验对比

从 UCI 标准分类数据集中选择 5 种数据集进行实验，实验由 Matlab 编程仿真实现，EML 的隐层节点数设置为 10，每次取数据集的 70%作为训练数据集，剩下的 30%作为测试数据集，分别运行 10 次，取 10 次结果精度的平均值作为算法的精度。每个数据集及分类性能对比见表 6.18。

表 6.18　UCI 数据集及分类性能对比

UCI 数据	样本总数	特征维数	类别数量	ELM 识别率/%	FOA-ELM 识别率/%
Wine	178	12	3	57.27	66.72
Glass	214	9	6	59.71	65.18
Iris	150	4	3	94.67	97.36
Magic	19020	10	2	69.92	75.82
Balance	625	4	3	87.14	91.05

6.4　基于果蝇优化算法的过程神经网络训练

6.4.1　过程神经网络

神经学和生物学研究成果表明，生物神经元中突触的输出变化与输入脉冲的相对定时有关，即依赖于持续一定时间的输入过程。虽然基于生物神经元构建的传统人工神经元较好地模拟了空间聚合、联想记忆、传导和自适应输出等特性，但却没有体现时间累积效应和延时特性等方面的描述。而在实际生产过程中多数系统的输入往往是与时间有关的，如实时控制系统中的输入多数是依赖于时间的连续函数，系统的输出依赖于对空间的聚合和对时间的累积效应，因此构建的生物神经元系统在处理信息过程时应具备几个特性：空间聚合效应、时间累积效应、阈值特性、兴奋与抑制特性、延时特性、自适应性、传导和输出特性。与传统基于瞬时输入的神经元网络不同，何新贵院士所提出的过程神经元网络能够处理与时间有关的输入输出，具有上述神经系统所应具备的特性。因此过程神经元网络是传统人工神经元网络在时间域上的扩展，是更一般化的人工神经元网络模型。因此，研究过程神经元网络模型的拓扑结构、函数逼近性质、学习算法等问题具有十分重要的意义。

过程神经元是由时变过程（或函数）信号输入，空间加权聚合、时间效应累积和激励阈值激励输出等四部分运算组成。与传统神经元 M-P 模型不同之处在于过程神经元的输入、连接权和激励阈值都可以是时变函数，过程神经元有一个对于时间效应的累积算子，使其聚合运算可同时表达输入信号的空间聚合作用和对时间效应的累积过程。过程神经元模型的结构如图 6.3 所示。

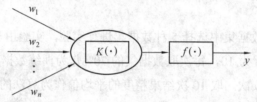

图 6.3　过程神经元一般模型

图中，$x_1(t), x_2(t), \cdots, x_n(t)$ 为过程神经元的时变输入函数；$w_1(t), w_2(t), \cdots, w_n(t)$ 为相应的连接权函数；$K(\cdot)$ 为过程神经元的聚合核函数，可根据实际系统的本质特性对输入信号进行变换处理；$f(\cdot)$ 为激励函数，可取线性函数、Sigmoid 函数、Gauss 型函数等。则过程神经元基本数学描述模型的输入与输出之间的关系为

$$y = f(\int(\sum(K(W(t), X(t)))) - \theta)$$

上式表示神经元在时空聚合运算时先进行空间加权聚合，即先进行在同一时间点上多输入信号的空间聚合，然后再进行前面空间聚合结果的时间累积，最后通过激励函数 f 的计算输出结果，其结构如图 6.4 所示。这类过程神经元在实际中较为常用。

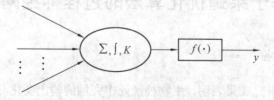

图 6.4　过程神经元模型

进一步，可将过程神经元推广为输入输出都是时变过程函数的情况，例如：

$$y(\tau) = f(\int_{\tau} (\sum K(W(t), X(t))) - \theta)$$

其中 "$\int_{\tau}$" 是一个依赖于 τ 的时间累积算子，例如，在时间区间$[0, \tau]$或$[\tau - k, \tau]$之间的积分。这种过程神经元可用来建立具有多隐层的复杂过程神经元网络。如果空间聚合运算取为加权和，时间（过程）累积运算取为积分，$K(\cdot)=1$，则该式可以写为

$$y = f\left\{ \int_0^T \left[\sum_{i=1}^n w_i(t)x_i(t) \right] \mathrm{d}t - \theta \right\}$$

由上式描述的过程神经元，其中运算由加权乘、累加和、积分以及激励函数组成，称之为狭义过程神经元。若取 $T = 0$，$x_i(t) = x_i$，$w_i(t) = w_i$，则该式就简化为

$$y = f\left(\sum_{i=1}^n w_i x_i - \theta \right)$$

这是一个非时变传统神经元。可见，传统神经元是过程神经元的一个特例。构造如图6.5 所示的网络模型。

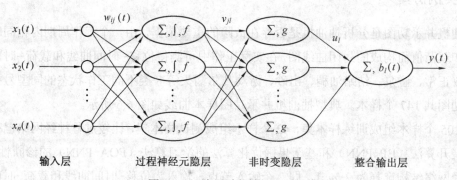

图 6.5　双隐层过程神经元网络模型

根据模型结构推导出输入输出之间的关系式为

$$y(t) = \sum_{l=1}^L g\left\{ \sum_{j=1}^m v_{jl} f\left(\sum_{i=1}^n \int_0^T [w_{ij}(t)x_i(t)]\mathrm{d}t - \theta_j^{(1)} \right) \right\} b_l(t)$$

通过对时变的网络输入和连接权在给定精度进行正交基展开，得

$$y(t) = \sum_{l=1}^L g\left[\sum_{j=1}^m v_{jl} f\left(\sum_{i=1}^n \sum_{l=1}^L a_{ij} w_{ij}^{(l)} - \theta_j^{(1)} \right) - \theta_j^{(2)} \right] b_l(t)$$

由此根据模型定义得到网络误差定义式为

$$E = \sum_{p=1}^P \sum_{l=1}^L (y_l^p - c_{pl})^2 = \sum_{p=1}^P \sum_{l=1}^L \left\{ g\left[\sum_{j=1}^m v_{jl} f\left(\sum_{i=1}^n \sum_{l=1}^L w_{ij}^{(l)} a_{il}^p - \theta_j^{(1)} \right) - \theta_j^{(2)} \right] - c_{pl} \right\}^2$$

系数向量 $A_{pi} = (a_{i1}^p, a_{i2}^p, \cdots, a_{iL}^p)$，$C_p = (c_{p1}, c_{p2}, \cdots, c_{pL})$ 为已知向量，v_{jl}，$w_{ij}^{(l)}$，$\theta_j^{(1)}$，$\theta_l^{(2)}$ 为网络待定参数，为非时变可调参数，由此可以看出，网络的训练问题可以看成是一个函数逼近问题，即求解使得网络误差定义最小的网络待定参数，因此，除梯度下降法之外，用于函数逼近的其他各种算法都可改造成神经元网络的学习算法。

6.4.2　基于果蝇优化算法的过程神经网络训练算法

步骤 1：将过程神经网络的误差函数设为适应度函数，初始化 m、L、v_j、$w_{ij}^{(l)}$、$\theta_j^{(1)}$、θ，初始果蝇个体。

步骤 2：根据果蝇进化公式计算所有个体的适应度，并求出拥有味道浓度最大值的果蝇（当代最优个体）。

步骤 3：保留最佳味道浓度值 *bestSmell* 和位置信息 X 及 Y，果绳群体依据位置变换公式进行飞行。

步骤 4：在一次迭代飞行后，判断是否满足结束条件，若不满足则跳到步骤 2 开始执行；若满足则退出。

6.4.3　实例仿真

抽油机井示功图是分析抽油机是否存在故障的重要依据，由一个工作周期内相同时间的位移和载荷值而构成的封闭曲线图，在实际工作中可测得位移–时间曲线和载荷–时间曲线。选取正常、碰泵、结蜡油稠、出砂、游动凡尔漏失等 8 类不同工作状态的同型号抽油机井示功图共 147 个样本。典型抽油机井示功图样本曲线如图 6.6 所示。

用 105 个样本组成训练样本集，42 个样本组成测试样本集，比较过程神经网络已有的普通基展开算法（BP-PNN）和基于果蝇优化算法的学习算法（FOA-PNN）的诊断性能。过程神经网络结构选择为 2–m–1，即 2 个输入节点，输入为位移-时间曲线和载荷-时间曲线；隐层 m 个过程神经元节点，1 个非时变神经元输出节点；其中 BP-PNN 隐层 m =12；基函数选择 Walsh 函数，当展开项数 L=16 时，满足拟合精度要求；FOA-PNN 中 L 的取值为正整数[1-32]，m 在整数区间[1, 30]内取值；误差精度 ε=0.005；最大学习次数 M = 10 000；每种学习算法运行 10 次，用两种算法训练得到的网络结构对训练样本和测试样本进行判别，对比结果见表 6.19。

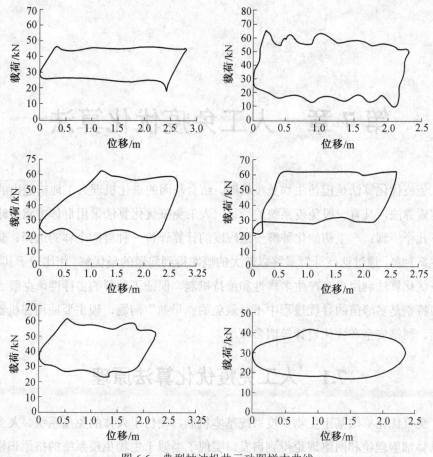

图 6.6　典型抽油机井示功图样本曲线

表 6.19　判别结果对比

网络模型	训练样本集判别率	测试样本集判别率
BP-PNN	87.6%	85.7%
FOA-PNN	93.1%	87.6%

本章小结

相比于其他经典算法，果蝇优化算法出现时间不长，但因其简单有效和可塑性强而受到广泛欢迎。目前关于果蝇优化算法的理论研究几乎空白，尽管果蝇优化算法在求解优化问题时表现出优越的性能，但其收敛性、收敛速度、计算复杂性、参数灵敏性等基本理论问题有待深入分析。尽管果蝇优化算法具有较强的通用性，但"没有免费的午餐的定理"表明没有一种算法能够对所有问题都是最有效的。因此，需要针对不同的优化问题开展问题性质的分析，一方面获得指导有效性搜索的知识，另一方面也可获得避免无效搜索的知识，进而设计知识驱动的果蝇优化算法，更合理、更高效地搜索解空间，进而取得好的性能。

第 7 章　人工免疫优化算法

人工免疫优化算法是模仿生物免疫机制,结合基因的进化机理人工地构造出的一种新型智能搜索算法,具有一般免疫系统的特征,人工免疫优化算法采用群体搜索策略,一般遵循以下几个步骤:产生初始化种群→适应度的计算评价→种群间个体的选择、交叉、变异→产生新种群,通过迭代计算最终以较大的概率得到问题的最优解。相比较于其他算法,人工免疫优化算法利用自身产生多样性和维持机制,保证了种群的多样性,克服了一般寻优过程中特别是多峰值的寻优过程中不可避免的"早熟"问题,现主要应用在机器学习、故障诊断、网络安全和优化设计等诸多领域。

7.1　人工免疫优化算法原理

人工免疫优化算法基于生物免疫系统基本机制,模仿了人体的免疫系统。人工免疫优化算法从体细胞理论和网络理论得到启发,实现了类似于生物免疫系统的抗原识别、细胞分化、记忆和自我调节的功能。

7.1.1　人工免疫优化算法的相关概念

抗原:在生命科学中能够诱发机体的免疫系统产生免疫应答,产生抗体进行免疫作用的物质;在人工免疫优化算法中特指非最优个体的基因或错误基因。

抗体:在生命科学中免疫系统受抗原刺激后,免疫细胞转化为 T 细胞并产生能与抗原发生特异性结合的免疫球蛋白,该免疫球蛋白即为抗体。

疫苗:在生命科学中指保留了能刺激生物免疫系统的特性,使免疫应答做出反应的预防性生物制品;在人工免疫优化算法中指根据已求问题的先知经验中得到的对最佳个体基因的估计。

免疫算子:和生命科学中的免疫理论相对应,免疫算子分为全免疫和目标免疫,前者对应生命科学中的非特异性免疫,后者则对应特异性免疫。

免疫调节:在免疫反应过程中,抗原对免疫细胞的刺激会增强抗体的分化和繁殖。但大量的抗体的产生会降低这一刺激,从而控制抗体的浓度。同时产生的抗体之间也存在着相互刺激和抑制的作用,这种抗原与抗体亲和力、抗体与抗体之间的排斥力使抗体免疫反应维持在一定的强度，保证机体的动态平衡。

免疫记忆：能与抗原发生反应的抗体会成功地作为记忆细胞保存记忆下来，当相似的抗原再次侵入时，这类记忆细胞会被当作成功的经验，受刺激并产生大量的抗体，从而大量缩短免疫反应时间。

7.1.2　人工免疫优化算法流程

（1）识别抗原。

对问题进行可行性分析，构造出合适的目标函数，制订各种约束条件，作为抗原。

（2）产生初始抗体群产生。

人工免疫优化算法不能直接解决问题空间中的参数，因此必须通过编码把问题的可行解表示成解空间中的抗体，一般在解的空间内随机产生的解中作为初始抗体。采用简单的编码可以方便计算，实数编码不需要进行数值的转换，因此是比较理想的编码方法，每个抗体为一个实数向量。

（3）对群体中的抗体进行多样性评价。

计算亲和力和排斥力，人工免疫优化算法对抗体的评价是以期望繁殖概率为标准的，其中包括亲和力的计算和抗体浓度的计算。

（4）形成父代群体。

更新记忆细胞，保留与抗原亲和力高的抗体并将它存入记忆细胞中，利用抗体间排斥力的计算，淘汰掉与之亲和力最高的抗体。

（5）判断是否满足结束条件。

如果产生的抗体中有与抗原相匹配的抗体，或满足结束条件，则停止。

（6）利用免疫算子产生新种群。

免疫算子包括选择、交叉和变异等操作。按照"优胜劣汰"的自然法则选择，然后转至步骤（3）。

优化领域中应用的人工免疫优化算法主要有以下几种：

（1）基于克隆选择原理的人工免疫优化算法。这种算法利用免疫系统克隆选择的机制来实现优秀抗体的扩展和增生，并利用免疫系统中的记忆机制来保证算法能够最终收敛到全局最优。

（2）基于免疫系统的抗体浓度调节原理的人工免疫优化算法。这种算法利用抗体多样性保持机制提高算法的群体多样性，抑制早熟现象。

（3）基于免疫响应的人工免疫优化算法。这种算法引入了免疫记忆和抗体多样性等免疫特性。

（4）基于免疫疫苗接种的人工免疫优化算法。这种算法引入疫苗接种的概念，利用问题的先验知识，改善算法的性能。

（5）基于免疫抗体记忆的人工免疫优化算法。这种算法是在随机搜索过程中的局部搜索和全局搜索中采用不同的促进与抑制策略，提高算法的收敛速度。

人工免疫优化算法本身所具备的特性，决定了人工免疫优化算法对于各种优化问题的求解有着巨大的潜力。从人工免疫系统观点来看，函数优化即在给定范围内发现最优值的问题，等同于抗体群体进化来识别抗原。抗原对应于要求解的问题，抗体对应于问题的解，如优化问题的最优解亲和度对应于解的评估。记忆细胞对应于保留的优化解，抗体促进和抑制对应于优化解的促进，非优化解的删除等。通过这样的一种对应方式，可以设计出针对函数优化的人工免疫优化算法。人工免疫优化算法流程图如图 7.1 所示。

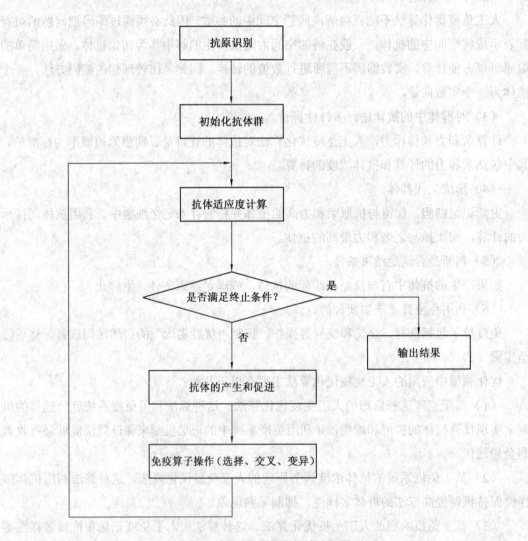

图 7.1　人工免疫优化算法流程图

7.1.3　人工免疫优化算法与遗传算法的比较

遗传算法相对于人工免疫优化算法起步比较早，发展比较成熟，但有时候人工免疫优化算法在求解多峰值的优化问题上展现出显著的优势。人工免疫优化算法类似于遗传算法，采用群体搜索策略，计算的基本步骤较为相似，主要的区别在于对个体的评价上。遗传算法在对个体的评价上主要通过个体的适应度的计算得到的，包括个体的选择也是以适应度为指标。它更着重于问题的全局最优解。而人工免疫优化算法则是通过计算亲和度得到的，亲和度包括抗原与抗体的亲和度（亲和力），抗体与抗体间的亲和度（排斥力）。所以在保持全局的多样性以及收敛速度方面人工免疫优化算法要更优于遗传算法，因此在求解多峰值函数寻优问题上也更具优势。相比较于遗传算法，人工免疫优化算法更真实地反应了免疫系统的多样性，对个体的评价更全面，对个体的选择更合理。人工免疫优化算法拥有遗传算法中没有的记忆细胞。它具有特殊的免疫记忆的特性，在每一次迭代之后，可以将有利于解决问题的特征信息存入记忆细胞中，以便下次遇到同样问题能够利用先前的特征信息或成功经验，更快地找出问题的解决办法，提高解决问题的速度。

另外，人工免疫优化算法还克服了早熟的现象。所谓早熟，是指当种群规模较小时，如果在进化初期出现适应度较高的个体，由于该个体繁殖率过快，往往不利于种群多样性的产生，从而出现早熟收敛的情况。人工免疫优化算法引进了浓度机制，计算抗体的浓度，通过对抗体的促进或抑制，调节抗体的浓度，特别是对浓度过大的抗体的抑制作用，有效地预防了由于浓度过大而导致算法过早地收敛到全局最优，降低群体的多样性。经过对比两种算法，不能片面地说那个算法更好，哪个算法更优，要根据具体问题具体分析，甚至可以结合两种算法进行求解，扬长补短。

7.1.4　免疫遗传算法在函数优化中的应用

免疫系统对于一个优化问题而言，抗原对应问题的是目标函数，而抗体对应问题的最优解。　由于人工免疫优化算法和遗传算法各有优缺点，因此把二者结合起来，既能避免二者的缺点，又能更好地发挥优点。免疫遗传算法的主要步骤包括：

（1）抗原：目标函数和各种约束作为免疫遗传算法的抗原。

（2）产生初始群体：对于初始应答，初始抗体随机产生，面对再次应答，部分或全部由上一代的进化群体而得，其余的随机产生，这样既保留了具有较高亲和力的解，又保证了抗体的多样性，因此可提高收敛速度和全局搜索能力。

（3）计算抗体的适应度：在当前群体中计算所有抗体的适应度。

（4）记忆细胞的更新：将与抗原的亲和度高的抗体放到记忆细胞中。由于记忆细胞的数量有限，因此在每次更新时，用新加入的记忆细胞取代原有的记忆细胞中亲和度较低的部分。

（5）抗体生成的促进和抑制：当一种抗体和抗原相遇时，如果适应度越高则越接近最优解，反之则越远离最优解。在寻优过程中，采用在每一代记忆细胞中随机产生部分新的抗体而取代适应度较低的抗体来调节记忆细胞，以防寻优陷入局部最优解。

（6）群体更新。

① 免疫群体更新：通过选择、克隆和变异操作，产生进入下一代的抗体。

② 遗传群体的更新：在父代中随机地选择更适应的个体，产生后代以构成下一代。

（7）终止条件判断：若满足终止条件，输出最优解，否则，转到步骤（3）。

人工免疫遗传算法的优势在于其在遗传算法的基础上增加了抗体浓度概率计算、抗体的促进和抑制和抗体的散布 3 个模块，有效控制了遗传算法的收敛方向，抗体的多样性保持策略大大提高了算法的群体多样性。

对比遗传算法和免疫遗传算法在函数优化中的性能，函数特征及参数设置见表 7.1。

表 7.1　各个函数特征及参数设置

函数	名称	特征	维数	范围	最小值	最大代数
$f_1(\boldsymbol{x}) = \sum_{I=1}^{D-1}[100(x_{i+1} - x_i^2)^2 + (1 - x_i)^2]$	Rosenbrock	单峰	30	$\|x_i\| \leqslant 30$	0	200
$f_2(\boldsymbol{x}) = \sum_{I=1}^{D}[x_i^2 - 10\cos(2\pi x_i) + 10]$	Rastrigrin	多峰	30	$\|x_i\| \leqslant 5.12$	0	200

对于上面的每个函数，程序运行 20 次，运行结果的最优值、最差值和平均值见表 7.2。

表 7.2　两种算法运行结果对比

函数	免疫遗传算法			遗传算法		
	最优值	最差值	平均值	最优值	最差值	平均值
$f_1(\boldsymbol{x}) = \sum_{i=1}^{D-1}[100(x_{i+1} - x_i^2)^2 + (1 - x_i)^2]$	3.95E-2	12.18	2.97E-1	3.28	46.18	96.18
$f_2(\boldsymbol{x}) = \sum_{i=1}^{D}[x_i^2 - 10\cos(2\pi x_i) + 10]$	2.71E-2	11.92	3.52E-1	1.36	23.47	8.25

7.2　基于人工免疫优化算法的物流配送中心选址

物流配送中心是物流网络的基础节点，是物流能够正常运作的前提，同时配送中心面向客户，其工作效率不仅直接影响到企业的业绩，而且还影响客户的评价。物流配送中心选址的重要性：由于物流配送中心的投资规模大，占用大量的城市面积，而且其位置一旦建成后，其地理位置相对固定，对物流业今后的运营情况产生长远的影响，因此物流配送中心选址的决策必须进行科学的论证后再做定夺。失败的选址不仅会导致商品运输处于无秩序、低效率的状态，还可能在运输成本上吃紧，如果不能满足客户的需要，还会影响到企业的利润。因此，科学的物流配送中心选址是很有必要的。

7.2.1 物流配送中心选址的数学模型

文献[120]给出了物流配送中心选址的数学模型，物流配送中心选址问题应该满足以下条件：

（1）配送中心的库存量能满足其所覆盖服务区域客户的需求量。

（2）一个客户仅由一个配送中心服务，不得跨区域送货。

（3）已知各客户的需求量。

（4）费用由配送中心到客户的运输费用决定，不考虑工厂到配送中心的运输费用。

基于上面的 4 个条件，可以构建问题的目标函数为各配送中心到其所服务的客户的需求量和距离的乘积 F 达到最小，即

$$F_{\min} = \sum_{i=1}^{N} \sum_{j=1}^{M_i} w_i d_{ij} z_{ij} \tag{7.1}$$

约束条件为：

（1）一个需求点只能由一个配送中心进行配送。

$$\sum_{j=1}^{M_i} z_{ij} = 1, \quad i \in N \tag{7.2}$$

（2）各需求点只能由配送中心配送。

$$z_{ij} \leq h_j, \quad i \in N, \quad j \in M_i \tag{7.3}$$

（3）配送中心的个数。

$$\sum_{j=1}^{M_i} h_j = p \tag{7.4}$$

（4）配送中心的配送距离不会超过配送所能达到的上限。

$$d_{ij} \leq S$$

式中，N 为所有需求点的序列集合 $N \in i\{1, 2, 3, \cdots, n\}$；$w_i$ 为需求点 i 的需求量；d_{ij} 为需求点 i 离它最近的配送中心 j 的距离；Z_{ij} 为 0-1 变量，表示需求点与配送中心的配送关系，如果 $Z_{ij}=1$ 表示需求点 i 由配送中心 j 供应，否则 $Z_{ij}=0$；h_j 为 0-1 变量，当 $h_j=1$ 时，表示 j 被选为配送中心，否则为 0；P 为配送中心的数目；S 为配送中心所能够服务到的最大距离；M_i 为与需求点 i 的距离小于 S 的配送中心的集合。

7.2.2　人工免疫优化算法优化步骤

1. 初始抗体群的产生

随机产生初始抗体群。每个选址方案用一个长度为 p（各方案选中的配送中心总数目）的编号序列表示，每个方案编号代表被选为配送中心的需求点的序列。例如采用实数编码方式，由 31 个城市组成的配送中心，则编号 1,2,…,31 代表各配送中心，从中选出 6 个作为配送中心。抗体[5 7 13 10 6 17] 为 6 个元素，表示其编号对应的城市被选为配送中心了。

2. 亲和度计算评价解的多样性

（1）抗体-抗原亲和度。

$$A_v = \frac{1}{F_v} = \frac{1}{\sum_{i=1}^{N}\sum_{j=1}^{M_i} w_i d_{ij} z_{ij} - C\sum_{i=1}^{N}\min\left\{\left(\sum_{j=1}^{M_i} z_{ij}\right)-1,0\right\}} \tag{7.5}$$

式中，F_v 为目标函数；C 为惩罚函数，如果距离过长超过了约束条件中的解，则给予惩罚；亲和度 A_v 介于 0 和 1 之间。

（2）抗体-抗体亲和度。

$$S_{v,s} = \frac{K_{v,s}}{L} \tag{7.6}$$

式中，$K_{v,s}$ 为抗体 v 与抗体 s 中相同的位数；L 为抗体的长度。

3. 抗体浓度

抗体浓度指的是群体中相似抗体，即在群体抗体中所占的比例：

$$C_v = \frac{1}{N}\sum_{j\in N} S_{v,s} \tag{7.7}$$

式中，C_v 为抗体 v 的浓度；N 为抗体的总数；

$$S_{v,s} = \begin{cases} 1, & S_{v,s} > T \\ 0, & 其他 \end{cases}$$

4. 期望繁殖率

群体中每个个体的期望繁殖率由抗体与抗原间亲和力 A_v 和该抗体的浓度 C_v 确定。

$$P = a \times \frac{A_v}{\sum A_v} + (1-a) \times \frac{C_v}{\sum C_v} \tag{7.8}$$

式中，a 为多样性评价参数（常为 0.95）。由上式可看出，个体浓度与期望繁殖率成反比，个体的亲和度与期望繁殖率成正比。

5. 免疫算子操作

免疫算子的操作类似于遗传操作，包括选择（Selection）、交叉（Crossover）及变异（Mutation）。

选择：按照轮盘选择机制根据期望繁殖率来判断哪些个体会被选中进行克隆。

交叉：采用单点交叉，简单来说，交叉操作就是将各个个体分别作为下一代的父母个体，将它们的部分染色体进行交换。

变异：简单的变异操作主要随机选择变异位，然后改变这个变异位上的数值。

7.2.3　实例仿真

选用数据实例说明人工免疫优化算法的应用，各城市的坐标以及各需求点的需求量见表 7.3，从 20 个城市中选择 3 个城市作为配送中心。

表 7.3　物流配送中心选址数据

编号	城市坐标	需求量	编号	城市坐标	需求量
1	（273,630）	52	11	（716,240）	62
2	（316,147）	24	12	（540,797）	35
3	（786,719）	68	13	（554,675）	37
4	（499,754）	17	14	（256,506）	49
5	（335,316）	31	15	（546,614）	12
6	（670,158）	35	16	（547,531）	33
7	（108,442）	17	17	（433,377）	35
8	（361,673）	61	18	（531,581）	55
9	（121,580）	52	19	（513,792）	27
10	（726,362）	27	20	（336,691）	19

根据配送中心的选址模型，利用人工免疫优化算法对问题进行求解。其中的主要参数为：种群规模为 50，记忆库容量为 10，迭代次数为 100，交叉概率为 0.5，变异概率为 0.3，多样性评价参数为 0.95。物流配送中心选址方案如图 7.2 所示。

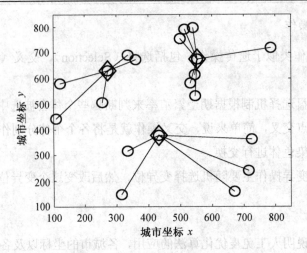

图 7.2   物流配送中心选址方案

7.3   基于人工免疫优化算法求解旅行商问题

7.3.1   旅行商问题及数学模型

旅行商问题（TSP）又称为旅行推销员问题、货郎担问题，是数学领域中著名问题之一。假设有一个旅行商人要拜访 n 个城市，他必须选择所要走的路径，路径的限制是每个城市只能拜访一次，而且最后要回到原来出发的城市。路径的选择目标是要求得的路径路程为所有路径之中的最小值。

设 n 为城市数目，$D=[d_{ij}]$ 为 $n \times n$ 阶距离矩阵，d_{ij} 代表从城市 i 到城市 j 的距离，$i=1,2,\cdots,n$，$j=1,2,\cdots,n$。问题是要找出访问每个城市且每个城市恰好只访问一次的一条回路，且其路径的总长度是最短的。这条回路可以表示为（$1,2,\cdots,n$）的所有循环排列的集合，即 $S=[S_{ij}]$ 为（$1,2,\cdots,n$）的排列，S_{ij} 表示访问第 i 个城市后访问第 j 个城市。数学模型如下所示：

$$\min d = \sum_{k=1}^{n-1} D[s(k),s(k+1)] \tag{7.9}$$

引入决策变量：

$$x_{ij} = \begin{cases} 1, & \text{旅行商访问城市} i \text{后访问城市} j \\ 0, & i \text{ 和 } j \text{ 之间没有路径, 不能访问} \end{cases} \tag{7.10}$$

7.3.2   算法求解流程

1. 抗体编码方式及适应度函数

抗体采用以遍历城市的次序排列进行编码，编码方式如：$X_1, X_2, \cdots, X_n$，其中，X_i 表示遍历城市的序号。适应度函数取路径长度 d 的倒数，$fitness(i)=1/d$。

2. 初始抗体群的产生

在解空间中采用随机的方法产生初始抗体群。若待求解问题与记忆细胞中抗体相匹配时，则由匹配的记忆细胞组成初始抗体群，不足部分的抗体随机产生。

3. 新抗体的产生

字符换位操作：单对字符换位操作是对抗体 $A(i)=(X_{i1}, X_{i2}, \cdots, X_{in})$，随机取两个正整数 k,j $(1<k, j<n, k\neq j)$，以一定的概率 P $(0<P<1)$ 交换抗体 $A(i)$ 中一对字符 X_{ik}, X_{ij} 的位置；多对字符换位操作是预先确定一个正整数 u，随机取一个正整数 r $(1<r<u)$，在抗体中随机取 r 对字符做字符换位操作。

字符串移位操作：单个字符串移位操作是对抗体 $A(i)=(X_{i1}, X_{i2}, \cdots, X_{in})$，随机取两个正整数 k, j $(1<k, j<n, k\neq j)$，从 A 中取出一个字符子串 $A1$，$A1=(X_{ik}, X_{i,k+1}, \cdots, X_{ij})$，以一定的概率 P $(0<P<1)$ 依次往左（或往右）移动字符串 $A1$ 中的各个字符，最左（或最右）边的一个字符则移动到最右（或最左）边的位置；多个字符串换位操作是预先确定一个正整数 u，随机取一个正整数 $r(1<r<u)$，再在抗体中随机取 r 个字符子串作字符串移位操作。

字符串逆转操作：单个字符串逆转操作是对抗体 $A(i)=(X_{i1}, X_{i2}, \cdots, X_{in})$，随机取两个正整数 k, j $(1<k, j<n, k\neq j)$，从 A 中取出一个字符子串 $A1$，$A1=(X_{ik}, X_{i,k+1}, \cdots, X_{ij})$，以一定的概率 $P(0<P<1)$ 使字符串 $A1$ 中的各个字符首尾倒置；多个字符串逆转操作是预先确定一个正整数 u，随机取一个正整数 $r(1<r<u)$，再在抗体中随机取 r 个字符子串做字符串逆转操作。

字符重组操作：字符重组操作是在抗体 $A(i)=(X_{i1}, X_{i2}, \cdots, X_{in})$ 中，随机取一个字符子串 $A1$，$A1=(X_{ik}, X_{i,k+1}, \cdots, X_{ij})$，以一定的概率 $P(0<P<1)$ 使字符串 $A1$ 中字符重新排列，重新排列的目的是提高抗体的亲和力。

4. 免疫记忆

抗体记忆机制是人工免疫优化算法的一个很大的优势。系统在完成一个问题的求解后，能保留一定规模的求解过程中的较优抗体，在系统接收同类抗原时，以所保留的记忆细胞作为初始群体，从而提高问题求解的收敛速度，体现人工免疫优化算法二次应答时的快速求解能力。在求解过程中每一代的抗体群更新时，将适应度最好的 M 个抗体存入记忆细胞库，并比较库中是否有与入选抗体相同的记忆细胞，保证记忆细胞的多样性。

7.3.3 实例仿真

求解 30 个城市旅行商路径问题，其城市坐标见表 7.4，旅行商优化路径如图 7.3 所示。

表 7.4　城市坐标

城市编号	横坐标	纵坐标	城市编号	横坐标	纵坐标	城市编号	横坐标	纵坐标
1	41	94	11	64	60	21	87	76
2	37	84	12	18	54	22	18	40
3	54	67	13	22	60	23	13	40
4	25	62	14	83	46	24	82	7
5	7	64	15	91	38	25	62	32
6	2	99	16	25	38	26	58	35
7	68	58	17	24	42	27	45	21
8	71	44	18	58	69	28	41	26
9	54	62	19	71	71	29	44	35
10	83	69	20	74	78	30	4	50

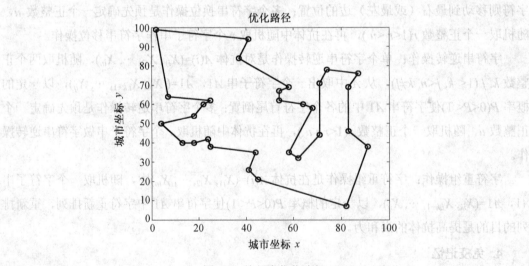

图 7.3　旅行商优化路径

本章小结

在实际应用过程中，人工免疫优化算法具备的优点包括：

（1）维持抗体的多样性。通过对抗体采取变异等操作产生新的抗体，维持抗体的多样性。

（2）记忆机制。克隆机制。

（3）突变机制。细胞克隆和抗体突变的协作体现了领域搜索及并行搜索特性。

（4）收敛性。算法的收敛性对初始群体的分布无依赖性。

在实际应用过程中人工免疫优化算法存在如下缺点：

（1）当算法求解到一定程度后往往效率不高，导致算法在后期收敛速度较慢。

（2）在搜索过程中可能出现早熟收敛的现象。

（3）在群体更新阶段产生的抗体，比较容易在下一次进化迭代中被淘汰。

人工免疫优化算法具有的免疫系统特性，主要用于解决模式识别、优化设计、控制工程、故障诊断、网络安全与入侵检测、图像处理、数据挖掘与知识发现等问题。

第 8 章 量子衍生进化算法

8.1 改进的量子遗传算法

8.1.1 概 述

目前已有的多种量子遗传算法，多半采用基于量子位测量的二进制编码方式，其进化方式是通过改变量子比特相位来实现的。事实上，通过测量染色体上量子位的状态来生成所需要的二进制解，这是一个概率操作过程，具有很大的随机性和盲目性。因此，在种群进化的同时，个体将不可避免地产生退化现象。此外，关于二进制编码，虽然适合于某些优化问题（如 0-1 背包问题、旅行商问题等），但对于数值优化问题（如函数极值问题、神经网络权值优化问题等），需要频繁编码解码，无疑加大了计算量。在优化过程中，必须确定量子旋转门的转角大小和方向。对于转角方向，目前几乎都是基于查询表，由于涉及多路条件判断，影响了算法的效率。对于转角大小，有学者提出了一种自适应调整转角迭代步长的策略，使步长随进化代数增加逐渐减小，呈现出一定的优越性，但此方法对全部种群一视同仁，没有考虑各染色体之间的差异。综上所述，如何对量子染色体编码和如何确定量子门的旋转相位，是目前没有得到较好解决的两个问题，也是限制目前量子遗传算法效率的两个主要问题。

针对上述问题，提出一种用于连续空间优化的基于实数编码和目标函数梯度信息的双链量子遗传算法（Double Chains Quantum Genetic Algorithm，DCQGA）。该算法用量子位编码染色体；用量子位的概率幅描述可行解；用量子旋转门更新量子比特的相位；对于转角方向的确定，给出了一种简单实用的确定方法；对于转角迭代步长的确定，充分利用了目标函数的梯度信息；同时该算法将量子比特的两个概率幅值都看作基因位，因此，每条染色体带有两条基因链，这样可使搜索加速。这些改进措施使优化的效率具有明显的提高。用典型函数的极值问题和神经网络权值优化问题进行仿真，并通过与普通量子遗传算法（Common Quantum Genetic Algorithm，CQGA）、普通遗传算法（Common Genetic Algorithm，CGA）进行对比，结果验证了双链量子遗传算法的有效性。

8.1.2 实数编码双链量子遗传算法

（1）连续优化问题一般描述。

若将 n 维连续空间优化问题的解看作 n 维空间中的点或向量，则连续优化问题可表述为

$$\begin{cases} \min f(x) = f(x_1, x_2, \cdots, x_n) \\ \text{s.t.} \quad a_i \leqslant x_i \leqslant b_i \; ; i = 1, 2, \cdots, n \end{cases} \tag{8.1}$$

若将约束条件看作 n 维连续空间中的有界闭集 Ω；将 Ω 中每个点都看作优化问题的近似解，为反映这些近似解的优劣程度，可定义如下适应度函数：

$$fit(x) = C_{\max} - f(x) \tag{8.2}$$

式中，$C_{\max}$ 为一个适当的输入值，或者是到目前为止优化过程中的最大值。

（2）双链编码方案。

在双链量子遗传算法中，直接采用量子位的概率幅编码。考虑到种群初始化时编码的随机性及量子态概率幅应满足的约束条件，采用如下双链编码方案：

$$p_i = \begin{bmatrix} \begin{vmatrix} \cos(t_{i1}) \\ \sin(t_{i1}) \end{vmatrix} & \begin{vmatrix} \cos(t_{i2}) \\ \sin(t_{i2}) \end{vmatrix} & \cdots & \begin{vmatrix} \cos(t_{in}) \\ \sin(t_{in}) \end{vmatrix} \end{bmatrix} \tag{8.3}$$

式中，$t_{ij} = 2\pi \times Rand$；$Rand$ 为（0，1）之间随机数；$i = 1, 2, \cdots, m$；$j = 1, 2, \cdots, n$；m 为种群规模；n 为量子位数。在双链量子遗传算法中，将每一量子位的概率幅看作上下两个并列的基因，每条染色体包含两条并列的基因链，每条基因链代表一个优化解。因此，每条染色体同时代表搜索空间中的如下两个优化解：

$$p_{ic} = [\cos(t_{i1}), \cos(t_{i2}), \cdots, \cos(t_{in})] \tag{8.4}$$

$$p_{is} = [\sin(t_{i1}), \sin(t_{i2}), \cdots, \sin(t_{in})] \tag{8.5}$$

式中，$i = 1, 2, \cdots, m$；p_{ic} 称为"余弦"解；p_{is} 称为"正弦"解，这样既避免了测量带来的随机性，也避免了从二进制到十进制频繁的解码过程。因为每次迭代，两个解同步更新，故在种群规模不变的情况下，能增强对搜索空间的遍历性，加速优化进程；同时，能扩展全局最优解的数量，增加获得全局最优解的概率。上述结论可概括为如下定理。

【定理 8.1】 对于连续优化问题（8.1）的每个全局最优解，用双链量子遗传算法优化时，存在 2^{n+1} 组量子比特，其中任何一组的 n 个量子比特都与该全局最优解对应。

证明：设连续优化问题的全局最优解映射到单位空间 $I^n = [-1, 1]^n$ 后变为 $P = (x_1, x_2, \cdots, x_n)$。对于 $x_i (i = 1, 2, \cdots, n)$，存在与之对应的如下 4 个量子比特：

$$r_{c+}^i = [\cos(\arccos x_i)], \sin(\arccos x_i)]^T$$

$$r_{c-}^i = [\cos(-\arccos x_i)], \sin(-\arccos x_i)]^T$$

$$r_{s+}^i = \left[\cos\left(\frac{\pi}{2} - \arccos x_i\right), \sin\left(\frac{\pi}{2} - \arccos x_i\right)\right]^T$$

$$r_{s-}^i = \left[\cos\left(\frac{\pi}{2} + \arccos x_i\right), \sin\left(\frac{\pi}{2} + \arccos x_i\right)\right]^T$$

其在单位圆中的位置如图 8.1 所示。

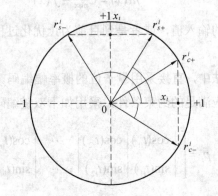

图 8.1 最优解中第 i 个量子位在单位圆中的位置

令

$$r_{c0}^i = \cos(\arccos x_i), \quad r_{c1}^i = \cos(-\arccos x_i)$$

$$r_{s0}^i = \sin\left(\frac{\pi}{2} - \arccos x_i\right), \quad r_{s1}^i = \sin\left(\frac{\pi}{2} + \arccos x_i\right)$$

应用 r_{c+}^i、r_{c-}^i，可以构造 2^n 个余弦解：$p_c = (r_{cj}^1, r_{cj}^2, \cdots, r_{cj}^n)$；其中 $j = 0, 1$。

应用 r_{s+}^i、r_{s-}^i，可以构造 2^n 个正弦解：$p_s = (r_{sj}^1, r_{sj}^2, \cdots, r_{sj}^n)$；其中 $j = 0, 1$。

因此，对于 $P = (x_1, x_2, \cdots, x_n)$，存在 2^{n+1} 个解与之对应，因为每个解对应一组量子比特，所以存在 2^{n+1} 组量子比特与之对应。

由定理 8.1 可知，若优化问题有 M 个全局最优解，应用双链量子遗传算法优化时，这 M 个解可以扩展为 $I^n = [1,1]^n$ 中的 $2^{n+1}M$ 个解，使全局最优解的数量得到了指数级扩充，从而可提高获得全局最优解的概率。

（3）解空间变换。

群体中的每条染色体包含 $2n$ 个量子比特的概率幅，利用线性变换，可将这 $2n$ 个概率

幅由 n 维单位空间 $I^n=[-1,1]^n$ 映射到优化问题的解空间 Ω。每个概率幅对应解空间的一个优化变量。记染色体 p_j 上第 i 个量子位为 $[\alpha_i^j, \beta_i^j]^T$，则相应解空间变量为

$$X_{ic}^j = \frac{1}{2}[b_i(1+\alpha_i^j)+a_i(1-\alpha_i^j)] \tag{8.6}$$

$$X_{is}^j = \frac{1}{2}[b_i(1+\beta_i^j)+a_i(1-\beta_i^j)] \tag{8.7}$$

因此，每条染色体对应优化问题的两个解。其中量子态 $|0\rangle$ 的概率幅 α_i^j 对应 X_{ic}^j；量子态 $|1\rangle$ 的概率幅 β_i^j 对应 X_{is}^j，其中 $i=1, 2, \cdots, n$；$j=1, 2, \cdots, m$。

（4）量子旋转门的转角方向。

DCQGA 用于更新量子比特相位的量子旋转门如下：

$$U(\Delta\theta) = \begin{bmatrix} \cos(\Delta\theta) & -\sin(\Delta\theta) \\ \sin(\Delta\theta) & \cos(\Delta\theta) \end{bmatrix} \tag{8.8}$$

更新过程为

$$\begin{bmatrix} \cos(\Delta\theta) & -\sin(\Delta\theta) \\ \sin(\Delta\theta) & \cos(\Delta\theta) \end{bmatrix} \begin{bmatrix} \cos(t) \\ \sin(t) \end{bmatrix} = \begin{bmatrix} \cos(t+\Delta\theta) \\ \sin(t+\Delta\theta) \end{bmatrix} \tag{8.9}$$

由上式可知，该门只改变量子位的相位，而不改变量子位的长度。

转角 $\Delta\theta$ 的大小和方向直接影响到算法的收敛速度和效率。关于转角 $\Delta\theta$ 的方向，通常的做法都是构造一个查询表，非常烦琐。为简化转角方向的确定方法，本书给出了如下定理。

【定理 8.2】　令 α_0 和 β_0 是当前搜索到的全局最优解中某量子位的概率幅，α_1 和 β_1 是当前解中相应量子位的概率幅，记

$$A = \begin{bmatrix} \alpha_0 & \alpha_1 \\ \beta_0 & \beta_1 \end{bmatrix} \tag{8.10}$$

则转角 θ 的方向按如下规则选取：当 $A \neq 0$ 时，方向为 $-\mathrm{sgn}(A)$；当 $A=0$ 时，方向取正负均可。

证明：记量子位 $[\alpha_0, \beta_0]^T$ 和 $[\alpha_1, \beta_1]^T$ 在单位圆中的幅角分别为 θ_0 和 θ_1，则

$$A = \begin{bmatrix} \cos\theta_0 & \cos\theta_1 \\ \sin\theta_0 & \sin\theta_1 \end{bmatrix} = \sin(\theta_1-\theta_0)$$

当 $A \neq 0$ 时，若 $0<|\theta_1-\theta_0|<\pi$，则

$$\mathrm{sgn}(\Delta\theta) = -\mathrm{sgn}(\theta_1-\theta_0) = -\mathrm{sgn}[\sin(\theta_1-\theta_0)] = -\mathrm{sgn}(A)$$

若 $\pi < |\theta_1 - \theta_0| < 2\pi$，则

$$\mathrm{sgn}(\Delta\theta) == \mathrm{sgn}(\theta_1 - \theta_0) = -\mathrm{sgn}[\sin(\theta_1 - \theta_0)] = -\mathrm{sgn}(A)$$

当 $A=0$ 时，由 $\sin(\theta_1 - \theta_0) = 0$，得：$\theta_1 = \theta_0$ 或 $|\theta_1 - \theta_0| = \pi$。此时，正向旋转与反向旋转效果相同，故 $\mathrm{sgn}(\Delta\theta)$ 取正负均可（证毕）。

（5）量子旋转门的转角大小。

现有文献没有考虑种群中各染色体的差异，也没有充分利用目标函数的变化趋势。我们给出的策略是：重点考虑目标函数在搜索点（单个染色体）处的变化趋势，并把该信息加入到转角步长函数中。当搜索点处目标函数变化率较大时，适当减小转角步长；反之，适当加大转角步长。这样，可使各染色体依据自身的特性在搜索过程的平坦之处迈大步，而不至于缓步漫游在一块"平坦的高原"，而在搜索过程的陡峭之处迈小步，而不至于越过全局最优解。考虑可微目标函数的变化率，利用梯度定义如下转角步长函数：

$$\Delta\theta_{ij} = -\mathrm{sgn}(A) \times \Delta\theta_0 \times \exp\left(-\frac{|\nabla f(X_i^j)| - \nabla f_j\min}{\nabla f_j\max - \nabla f_j\min}\right) \tag{8.11}$$

式中，A 的定义同式（8.10）；$\Delta\theta_0$ 为迭代初值；$\nabla f(X_i^j)$ 为评价函数 $f(X)$ 在点 X_i^j 处的梯度，$\nabla f_{j\max}$ 和 $\nabla f_{j\min}$ 分别定义为

$$\nabla f_{j\max} = \max\left\{\left|\frac{\partial f(X_1)}{\partial X_1^j}\right|, \cdots, \left|\frac{\partial f(X_m)}{\partial X_m^j}\right|\right\} \tag{8.12}$$

$$\nabla f_{j\min} = \min\left\{\left|\frac{\partial f(X_1)}{\partial X_1^j}\right|, \cdots, \left|\frac{\partial f(X_m)}{\partial X_m^j}\right|\right\} \tag{8.13}$$

式中，X_i^j $(i=1,2,\cdots,m;\ j=1,2,\cdots,n)$ 为向量 $\boldsymbol{X}_i$ 的第 j 个分量，可根据当前全局最优解的类型取为 X_{ic}^j 或 X_{is}^j，X_{ic}^j 和 X_{is}^j 分别按式（8.6）和式（8.7）计算；m 为种群规模；n 为空间维数（单个染色体上量子比特数）。对于离散优化问题，由于 $f(X)$ 不存在梯度，故不能像连续情形那样，将梯度信息直接加入到转角函数中，但可以利用相邻两代的一阶差分代替梯度，即将 $\nabla f(X_i^j)$、$\nabla f_j\max$、$\nabla f_j\min$ 分别表示为

$$\nabla f(X_i^j) = f(X_{pi}^j) - f(X_{ci}^j) \tag{8.14}$$

$$\nabla f_j\max = \max\{|f(X_{p1}^i) - f(X_{c1}^j)|, \cdots, |f(X_{pm}^j) - f(X_{cm}^j)|\} \tag{8.15}$$

$$\nabla f_j\min = \min\{|f(X_{p1}^j) - f(X_{c1}^j)|, \cdots, |f(X_{pm}^j) - f(X_{cm}^j)|\} \tag{8.16}$$

式中，X_p、X_c 分别为父代和子代染色体。

（6）变异处理。

采用量子非门实现染色体变异。首先依变异概率随机选择一条染色体，然后随机选择若干个量子位施加量子非门变换，使该量子位的两个概率幅互换。这样可使两条基因链同时得到变异。这种变异实际上是对量子位幅角的一种旋转：如设某一量子位幅角为 t，则变异后的幅角为 $\dfrac{\pi}{2} - t$，即幅角正向旋转了 $\dfrac{\pi}{2} - 2t$。由于这种旋转不与当前最佳染色体比较，一律正向旋转，有助于增加种群的多样性，降低早熟收敛的概率。

8.1.3　算法描述

Step1：种群初始化。按式（8.3）产生 m 条染色体组成初始群体；设定转角步长初值为 θ_0，变异概率为 p_m。

Step2：解空间变换。将每条染色体代表的近似解，由单位空间 $I^n = [-1,1]^n$ 映射到连续优化问题的解空间 Ω，按式（8.2）计算各染色体的适应度。记当代最优解为 $\tilde{X}_0$，对应染色体为 $\tilde{p}_0$，到目前为止的最优解为 X_0，对应染色体为 p_0。若 $fit(\tilde{X}_0) > fit(X_0)$，则 $p_0 = \tilde{p}_0$。

Step3：对种群中每条染色体上的各量子位，以 p_0 中相应量子位为目标，按定理 8.2 确定转角方向，按式（8.11）确定转角大小，应用量子旋转门更新其量子位。

Step4：对种群中每条染色体，应用量子非门按变异概率实施变异。

Step5：返回步骤 Step2 循环计算，直到满足收敛条件或代数达到最大限制为止。

8.1.4　在求解连续优化问题中的应用

下面通过函数极值和神经网络权值优化问题进行仿真，并与普通量子遗传算法和普通遗传算法进行对比分析，来检验该算法的有效性。

（1）函数极值问题。

① Shaffer's F5 函数。

$$f(x_i) = \frac{1}{500} + \sum_{j=1}^{25} \frac{1}{j + \sum_{i=1}^{2}(x_i - a_{ij})^6} \tag{8.17}$$

其中，$x_i \in (-65.536, 65.536)$。

$$(a_{ij}^k) = \begin{pmatrix} -32 & -16 & 0 & 16 & 32 \\ -32+16k & -32+16k & -32+16k & -32+16k & -32+16k \end{pmatrix}$$

$$(a_{ij}) = (a_{ij}^0 \ a_{ij}^1 \ a_{ij}^2 \ a_{ij}^3 \ a_{ij}^4) \quad i=1,2 \ ; \quad j=1,2,\cdots,25 \ ; \quad k=0,1,\cdots,4$$

此函数有多个局部极大点，全局极大值点为（-32，-32）；全局极大值为 1.002。当优化结果大于 1.000 时认为算法收敛。该函数的图像如图 8.2 所示。

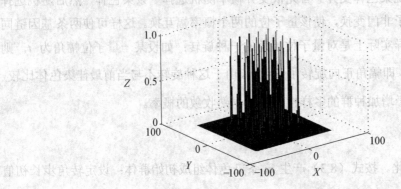

图 8.2　Shaffer's F5 函数的图像

② Shaffer's F6 函数。

$$f(x,y) = 0.5 - \frac{\sin^2\sqrt{x^2+y^2} - 0.5}{[1 + 0.001(x^2+y^2)]^2} \tag{8.18}$$

此函数有无限个局部极大点，其中只有一个（0，0）为全局最大，最大值为 1。自变量的取值范围均为（-100，100）。当优化结果大于 0.995 时认为算法收敛。该函数的图像如图 8.3 所示。

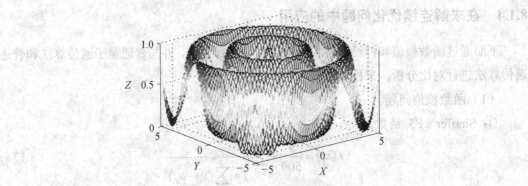

图 8.3　Shaffer's F6 函数的图像

算法参数：种群规模 m=50；量子位数 n=2；交叉概率 p_c=0.8；变异概率 p_m=0.1；转角步长初值 θ_0 = 0.01π；Shaffer's F5 限定代数 L_{max}=200；Shaffer's F6 限定代数 L_{max}=500；在 CQGA 中，每个变量用 20 个二进制位描述，因此，每条染色体包含 40 个量子位；适应度函数取目标函数本身。对于上述两个函数，分别用 DCQGA、CQGA、CGA 进行 10 次仿真，优化结果对比如表 8.1、图 8.4 和图 8.5 所示。对于 DCQGA，以单位圆的形式给出了收敛后最优解中量子比特的位置，如图 8.6 和图 8.7 所示。

表 8.1 函数极值问题优化结果对比（10 次仿真）

算法	Shaffer's F5					Shaffer's F6				
	最优结果	最差结果	平均结果	收敛次数	平均时间	最优结果	最差结果	平均结果	收敛次数	平均时间
DCQGA	1.002 0	0.997 5	1.001 5	9	1.939 8 s	0.999 3	0.990 28	0.995 8	9	0.323 4 s
CQGA	1.002 0	0.730 9	0.946 3	4	2.327 3 s	0.996 4	0.990 27	0.991 2	2	3.412 9 s
CGA	1.000 4	0.770 7	0.915 9	1	1.997 3 s	0.991 5	0.981 69	0.988 1	1	0.431 6 s

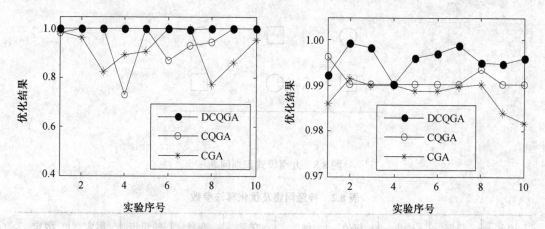

图 8.4 Shaffer's F5 函数的优化结果   图 8.5 Shaffer's F6 函数的优化结果

由表 8.1 可知，DCQGA 的优化效率最高，优化结果也最好；其次是 CQGA，效率最低的是 CGA。由图 8.6、图 8.7 可以看出，在 DCQGA 中采用双链基因具有的优越性。Shaffer's F5 的全局最优解（$X=-32$, $Y=-32$）在单位空间 $I^n=[-1,1]^n$ 中，被映射为 （$x=-0.488\ 3$, $y=-0.488\ 3$）；Shaffer's F6 函数的全局最优解（$X=0$, $Y=0$）在单位空间 $I^n=[-1,1]^n$ 中，仍然为（$X=0$, $Y=0$）；上述两个函数的最优解，分别存在 8 组量子比特与之对应。

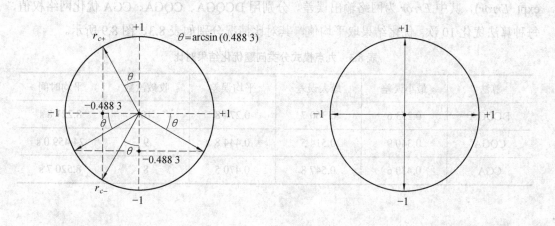

图 8.6 Shaffer's F5 函数最优解量子比特在单位圆中的分布   图 8.7 Shaffer's F6 函数最优解量子比特在单位圆中的分布

（2）神经网络权值优化问题。

采用 DCQGA 优化神经网络权值实现图 8.8 所示九点模式分类问题，这是一个典型的两类模式分类问题，可看作"异或"问题的推广。选用 3 层前馈神经网络作为分类器，算法参数见表 8.2。

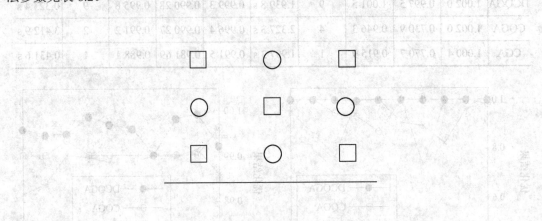

图 8.8　九点模式识别问题

表 8.2　神经网络及优化算法参数

输入节点	隐层节点	输出节点	权值数量	种群规模	交叉概率	变异概率	转角步长初值	限定误差	限定代数
2	5	1	15	50	0.8	0.1	0.01π	0.5	500

在 DCQGA 中，染色体上量子位数等于神经网络权值数 15；应用 CQGA 时，每个权值用 15 个二进制位描述，因此每条染色体含有 $15 \times 15 = 225$ 个量子位；适应度函数取为 $\exp(-Error)$，其中 $Error$ 为网络输出误差。分别用 DCQGA、CQGA、CGA 优化网络权值，每种算法优化 10 次，优化结果取平均值，其对比情况分别如表 8.3、图 8.9 所示。

表 8.3　九点模式分类问题优化结果对比

算法	最小误差	最大误差	平均误差	收敛次数	平均时间
DCQGA	0.253 6	0.360 7	0.274 8	10	8.221 8 s
CQGA	0.340 9	0.514 5	0.444 8	9	24.459 0 s
CGA	0.430 6	0.547 8	0.470 5	8	8.520 7 s

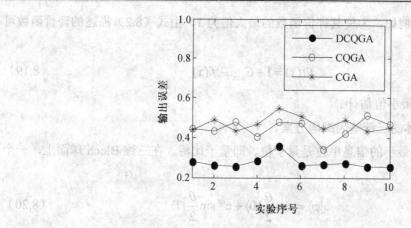

图 8.9　3 种算法优化神经网络权值结果对比

由表 8.3 可知,对于高维优化问题,DCQGA 的效率同样是最高的,平均运行时间也是 3 种算法中最少的,效率最低的是 CQGA。这是因为在优化过程中,CQGA 需要频繁查表确定转角大小以及频繁地进行二进制到十进制解码操作的缘故。

8.2　基于量子位 Bloch 坐标的量子进化算法

8.2.1　概　述

在上节提出的双链量子遗传算法中,由于使用了量子位的两个概率幅,每条染色体有两条基因链,因而增强了算法的搜索能力。但是该算法同目前所有量子进化算法一样,其量子态依然是在实域 Hilbert 空间单位圆上的坐标描述,只有一个可变量,因此量子特性在很大程度上被削弱。在实际的物理系统中,量子是在空间运动的,传统的采用在平面坐标上的单位圆描述其动态特性,不利于更加客观、全面、生动地描述其量子的动态行为。为此,提出一种基于量子位 Bloch 坐标的量子进化算法(Bloch Quantum-inspired Evolutionary Algorithm,BQEA)。该算法直接采用量子位的 Bloch 坐标对量子染色体编码,采用量子旋转门更新量子位;对于量子旋转门转角方向的确定,提出了一种简单实用的确定方法;对旋转和变异操作,提出了基于量子位 Bloch 坐标的新算子;同时,将量子位的 3 个 Bloch 坐标都视为基因位,因此,每条染色体有 3 条基因链。通过典型函数的极值优化和神经网络权值优化的仿真结果表明,量子位 Bloch 坐标的量子进化算法的优化性能优于普通量子进化算法(Common Quantum Evolutionary Algorithm,CQEA)和普通遗传算法(CGA)。

8.2.2　Bloch 坐标的量子进化算法的基本原理

随着式(8.1)描述不同的连续优化问题,其评价函数的取值往往差异较大。为便于对不同问题之间的优化性能对比,有必要首先确定评价函数的统一取值范围,然后再确定评价函数的具体形式。例如，为使其评价函数的最大值为 1，由式（8.2）描述的评价函数可改写为如下形式：

$$fit(x) = 1 + C_{\min} - f(x) \tag{8.19}$$

式中，$C_{\min}$ 是 $f(x)$ 的最小值估计。

（1）量子染色体的三链基因编码方案。

在量子计算中，最小的信息单位是量子位，即量子比特。在三维 Bloch 球面上，一个量子比特可描述为

$$|\varphi\rangle = \cos\frac{\theta}{2}|0\rangle + e^{i\varphi}\sin\frac{\theta}{2}|1\rangle \tag{8.20}$$

式中，$\cos\frac{\theta}{2}$ 和 $e^{i\varphi}\sin\frac{\theta}{2}$ 是复数。$\left|\cos\frac{\theta}{2}\right|^2$ 和 $\left|e^{i\varphi}\sin\frac{\theta}{2}\right|^2$ 分别表示量子位处于 $|0\rangle$ 或 $|1\rangle$ 的概率，且满足下列归一化条件：

$$\left|\cos\frac{\theta}{2}\right|^2 + \left|e^{i\varphi}\sin\frac{\theta}{2}\right|^2 = 1 \tag{8.21}$$

把满足式（8.21）的一对复数 $\cos\frac{\theta}{2}$ 和 $e^{i\varphi}\sin\frac{\theta}{2}$ 称为一个量子比特相应状态的概率幅，因此量子比特也可以用概率幅表示为 $\left[\cos\frac{\theta}{2}, e^{i\varphi}\sin\frac{\theta}{2}\right]^{\mathrm{T}}$。在 Bloch 球面上，一个点 P 可由数 θ 和 φ 来确定，如图 8.10 所示。

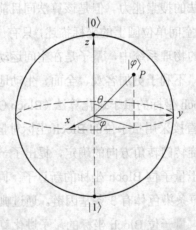

图 8.10　量子比特的 Bloch 球面表示

由图 8.10 可知，任何一个量子位都与 Bloch 球面上的一个点对应。因此，量子位可以用 Bloch 坐标表示为 $|\varphi\rangle = [\cos\varphi\sin\theta \ \ \sin\varphi\sin\theta \ \ \cos\theta]^{\mathrm{T}}$。在 Bloch 坐标的量子进化算法中，直接采用量子位的 Bloch 球面坐标编码。设 p_i 为种群中的第 i 条染色体，BQEA 的编码方案如下：

$$p_i = \begin{vmatrix} \cos\varphi_{i1}\sin\theta_{i1} \\ \sin\varphi_{i1}\sin\theta_{i1} \\ \cos\theta_{i1} \end{vmatrix} \cdots \begin{vmatrix} \cos\varphi_{in}\sin\theta_{in} \\ \sin\varphi_{in}\sin\theta_{in} \\ \cos\theta_{in} \end{vmatrix} \tag{8.22}$$

式中，$\varphi_{ij} = 2\pi \times Rand$，$\theta_{ij} = \pi \times Rand$，$Rand$ 为（0,1）之间的随机数；$i=1, 2, \cdots, m$；$j=1, 2, \cdots, n$；m 为种群规模；n 为量子位数。在 Bloch 坐标的量子进化算法中，将量子位的 3 个坐标看作 3 个并列的基因，每条染色体包含 3 条并列的基因链，分别称为 X 链、Y 链、Z 链，每条基因链代表一个优化解。因此，每条染色体同时代表搜索空间中的如下 3 个优化解：

$$\boldsymbol{p}_{ix} = (\cos\varphi_{i1}\sin\theta_{i1}, \cdots, \cos\varphi_{in}\sin\theta_{in})$$

$$\boldsymbol{p}_{iy} = (\sin\varphi_{i1}\sin\theta_{i1}, \cdots, \sin\varphi_{in}\sin\theta_{in})$$

$$\boldsymbol{p}_{iz} = (\cos\theta_{i1}, \cos\theta_{i2}, \cdots, \cos\theta_{in})$$

分别将 p_{ix}、p_{iy}、p_{iz} 定义为 X 解、Y 解、Z 解。编码后的染色体结构如图 8.11 所示。

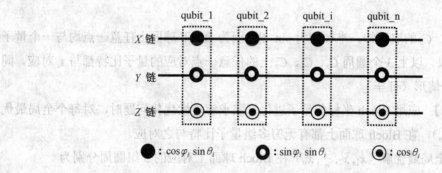

图 8.11　量子染色体结构图

上述基于量子位 Bloch 坐标的编码方式具有 3 个优点：①能够避免通过对量子位测量来生成二进制编码带来的随机性；②当用于连续优化问题时，可避免频繁地二进制数解码过程；③能够扩展全局最优解的数量，提高获得全局最优解的概率。

【引理 8.1】 应用 Bloch 坐标的量子进化算法进行连续优化问题时，对于全局最优解中的每一个分量 x_i，$i=1, 2, \cdots, n$，在 Bloch 球面上存在 3 个相同半径的圆周 C_x、C_y、C_z，3 组圆周上的任意一点表示的量子比特都与 x_i 对应。

证明：设连续优化问题的全局最优解由解空间 Ω 映射到单位空间 $I^n=[-1,1]^n$ 后的形式为 $P = (x_1, x_2, \cdots, x_n)$。不失一般性，令 $x_i \geqslant 0$，$\varphi_i = \pi/2$，$\theta_i = \arccos x_i$，其中 $i=1, 2, \cdots, n$。

如图 8.12 所示，在 Bloch 球面上取点 Q_z（$\cos\varphi_i\sin\theta_i$，$\sin\varphi_i\sin\theta_i$，$\cos\theta_i$），则点 Q_z 的 z 坐标等于 x_i，过点 Q_z 做垂直于 z 轴的圆周 C_z，因 Bloch 球面上点的 z 坐标与 φ_i 无关，故圆周 C_z 上所有点的 z 坐标都等于 x_i。

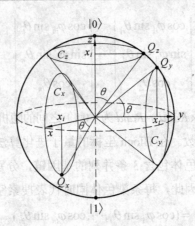

图 8.12　全局最优解中 x_i 对应的量子位在 Bloch 球面上的位置

在 Bloch 球面上取点 Q_y $(\cos\varphi_i\sin(\pi/2-\theta_i),\ \sin\varphi_i\sin(\pi/2-\theta_i),\ \cos(\pi/2-\theta_i))$，则点 Q_y 的 y 坐标等于 x_i，过点 Q_y 做垂直于 y 轴的圆周 C_y，则圆周 C_y 上所有点的 y 坐标都等于 x_i。

令 $\varphi_i=0$，在 Bloch 球面上取点 Q_x $(\cos\varphi_i\sin(\pi/2-\theta_i),\ \sin\varphi_i\sin(\pi/2-\theta_i),\ \cos(\pi/2-\theta_i))$，则点 Q_x 的 x 坐标等于 x_i，过点 Q_x 做垂直于 x 轴的圆周 C_x，则圆周 C_x 上所有点的 x 坐标都等于 x_i。

由 C_x、C_y、C_z 的取法知，半径均为 $\sin\theta_i$。因为 Bloch 球面上任意一点均与一个量子比特对应，所以，以上 3 个圆周 C_x、C_y、C_z 上的任意一点对应的量子比特都与 x_i 对应，同理可证 $x_i<0$ 的情形（证毕）。

【定理 8.2】 应用 Bloch 坐标的量子进化算法求解连续优化问题时，对每个全局最优解 $(x_1,x_2,\cdots,x_n)$，在 Bloch 球面上都有无穷多组量子比特与之对应。

证明：令全局最优解 $(x_1,x_2,\cdots,x_n)$ 在 Bloch 球面上对应的 3 组圆周分别为

（1）$C^1x,C^2x,\cdots,C^nx$；

（2）$C^1y,C^2y,\cdots,C^ny$；

（3）$C^1z,C^2z,\cdots,C^nz$。

在上述三组圆周上分别任取一点，设其对应的 3 组量子比特分别为

① $(qubit)^1x,(qubit)^2x,\cdots,(qubit)^nx$；

② $(qubit)^1y,(qubit)^2y,\cdots,(qubit)^ny$；

③ $(qubit)^1z,(qubit)^2z,\cdots,(qubit)^nz$。

根据引理 8.1，第①组量子比特的 x 坐标、第②组量子比特的 y 坐标、第③组量子比特的 z 坐标，都与 $(x_1,x_2,\cdots,x_n)$ 对应。因此，由 3 组量子比特取法的任意性可知，在上述 3 组圆周上存在着无穷多组量子比特与 $(x_1,x_2,\cdots,x_n)$ 对应（证毕）。

由定理 8.3 可知，应用 Bloch 坐标的量子进化算法优化时，每个全局最优解可以扩展为 Bloch 球面 3 组圆周上的无限多个解，使全局最优解的数量得到极大的扩充，从而可提

高获得全局最优解的概率。

（2）解空间变换。

因为 Bloch 坐标的量子进化算法的优化过程限定在单位空间 $I^n=[-1, 1]^n$ 内，故在优化具体问题时，需要进行单位空间与优化问题解空间之间的变换。群体中的每条染色体包含 n 个量子比特的 $3n$ 个 Bloch 坐标，利用线性变换，可将这 $3n$ 个坐标由 n 维单位空间 $I^n = [-1, 1]^n$ 映射到优化问题的解空间 Ω，每个坐标对应着解空间中的一个优化变量。记第 i 条染色体 p_i 上第 j 个量子位的 Bloch 坐标为 $[x_{ij}, y_{ij}, z_{ij}]^T$，则相应的解空间变换公式为

$$X_{ix}^{j} = \frac{1}{2}[b_j(1+x_{ij}) + a_j(1-x_{ij})] \tag{8.23}$$

$$X_{iy}^{j} = \frac{1}{2}[b_j(1+y_{ij}) + a_j(1-y_{ij})] \tag{8.24}$$

$$X_{iz}^{j} = \frac{1}{2}[b_j(1+z_{ij}) + a_j(1-z_{ij})] \tag{8.25}$$

式中，$i=1, 2, \cdots, m$；$j=1, 2, \cdots, n$。

（3）量子染色体的更新。

为说明 Bloch 坐标的量子进化算法如何实现染色体的更新，首先定义当代最优解和当代最优染色体的概念。

【定义 8.1】　当代最优解　设种群有 m 条量子染色体，将每条染色体携带的 3 条基因链经过解空间变换，得到优化问题的 $3m$ 个近似解，分别计算这些近似解的适应度，适应度最大的解为当代最优解。

【定义 8.2】　当代最优染色体　在当前种群中，若某条染色体携带的 3 条基因链经解空间变换后形成的 3 个近似解中，存在一个当代最优解，则该染色体为当代最优染色体。

量子染色体的更新是通过量子旋转门更新量子位的相位来实现的。量子位相位旋转的目的在于使当前种群中每个染色体逼近当代最优染色体，而在这种逼近过程中，又有可能产生出更好的当代最优染色体，从而使种群不断得到进化。

为此，我们提出了一种新的量子旋转门，其形式为

$$U = \begin{bmatrix} \cos\Delta\phi\cos\Delta\theta & -\sin\Delta\phi\cos\Delta\theta & \sin\Delta\theta\cos(\phi+\Delta\phi) \\ \sin\Delta\phi\cos\Delta\theta & \cos\Delta\phi\cos\Delta\theta & \sin\Delta\theta\sin(\phi+\Delta\phi) \\ -\sin\Delta\theta & -\tan(\phi/2)\sin\Delta\theta & \cos\Delta\theta \end{bmatrix} \tag{8.26}$$

由

$$U\begin{bmatrix} \cos\phi\sin\theta \\ \sin\phi\sin\theta \\ \cos\theta \end{bmatrix} = \begin{bmatrix} \cos(\phi+\Delta\phi)\sin(\theta+\Delta\theta) \\ \sin(\phi+\Delta\phi)\sin(\theta+\Delta\theta) \\ \cos(\theta+\Delta\theta) \end{bmatrix}$$

可知，U 的作用是使量子位的相位旋转 $\Delta\varphi$ 和 $\Delta\theta$。

量子旋转门的两个转角 $\Delta\varphi$ 和 $\Delta\theta$ 的符号及大小至关重要，符号决定收敛的方向，而大小决定收敛的速度。为了确定 $\Delta\varphi$ 和 $\Delta\theta$ 的方向，我们提出如下定理。

定理 8.4　令 q_{0j} (x_{0j}, y_{0j}, z_{0j}) 是当代最优染色体中第 j 个量子位的 Bloch 坐标，$q_{ij}(x_{ij}, y_{ij}, z_{ij})$ 是当代种群第 i 条染色体中第 j 个量子位的 Bloch 坐标，$i=1,2,\cdots,m$；$j=1,2,\cdots,n$。记

$$A = \begin{vmatrix} x_{0j} & x_{ij} \\ y_{0j} & y_{ij} \end{vmatrix} \tag{8.27}$$

$$B = z_{0j} - z_{ij} \tag{8.28}$$

（1）确定转角 $\Delta\varphi$ 方向的规则：当 $A\neq 0$ 时，方向为 $\mathrm{sgn}(\Delta\varphi) = -\mathrm{sgn}(A)$；当 $A = 0$ 时，方向取正、负均可。

（2）确定转角 $\Delta\theta$ 方向的规则：当 $B\neq 0$ 时，$\mathrm{sgn}(\Delta\theta) = -\mathrm{sgn}(B)$；当 $B= 0$ 时，方向取正、负均可。

证明：将 q_{0j}、q_{ij} 表示为如下的三角函数形式：

$$q_{0j} = \begin{vmatrix} \cos\varphi_0\sin\theta_0 \\ \sin\varphi_0\sin\theta_0 \\ \cos\theta_0 \end{vmatrix}, \quad q_{ij} = \begin{vmatrix} \cos\varphi\sin\theta \\ \sin\varphi\sin\theta \\ \cos\theta \end{vmatrix}$$

（1）为了确定转角 $\Delta\varphi$ 方向，首先将 A 表示成三角函数的形式，即

$$A = \begin{vmatrix} \cos\varphi_0\sin\theta_0 & \cos\varphi\sin\theta \\ \sin\varphi_0\sin\theta_0 & \sin\varphi\sin\theta \end{vmatrix} = \sin\theta_0\sin\theta\sin(\varphi-\varphi_0)$$

因为 $\theta_0\in[0,\pi]$，$\theta\in[0,\pi]$，故 $\sin\theta_0\sin\theta > 0$。

当 $A\neq 0$ 时，有 $\mathrm{sgn}(\Delta\varphi) = -\mathrm{sgn}(\varphi-\varphi_0) = -\mathrm{sgn}[\sin\theta_0\sin\theta\sin(\varphi-\varphi_0)] = -\mathrm{sgn}(A)$；当 $A = 0$ 时，有 $\sin\theta_0\sin\theta = 0$ 或者 $\sin(\varphi-\varphi_0) = 0$。若 $\sin\theta_0\sin\theta = 0$，则点 P_0、P_1 至少有一个位于 Bloch 球面的顶点 $|0>$ 或顶点 $|1>$。此时 φ_0 或 φ 可取任意值，故 $\mathrm{sgn}(\Delta\varphi)$ 取正、负均可；若 $\sin(\varphi-\varphi_0) = 0$，则 $\varphi=\varphi_0$ 或 $|\varphi-\varphi_0|=\pi$，故 $\mathrm{sgn}(\Delta\varphi)$ 取正、负均可。

（2）为了确定转角 $\Delta\theta$ 方向，当 $B\neq 0$ 时，有

$$\mathrm{sgn}(\Delta\theta) = \mathrm{sgn}(\theta_0-\theta) = -\mathrm{sgn}(\cos\theta_0 - \cos\theta) = -\mathrm{sgn}(z_{0j} - z_{ij}) = -\mathrm{sgn}(B)$$

当 $B= 0$ 时，有 $\theta_0 = \theta$ 或 $|\theta_0-\theta|=\pi$，故 $\mathrm{sgn}(\Delta\theta)$ 取正、负均可（证毕）。

$\Delta\varphi$ 和 $\Delta\theta$ 的大小通常需要根据具体问题而确定，如果它们取值过小，会使优化过程缓慢从而降低效率；如果取值过大，会使算法越过全局最优解或陷入早熟收敛。在 BQEA 中，转角的大小可在区间 $(0.005\pi, 0.05\pi)$ 选取。基于以上分析，我们构造一个查询表来确定 $\Delta\varphi$ 和 $\Delta\theta$。

表 8.4　$\Delta\varphi$ 和 $\Delta\theta$ 的查询表

$\Delta\varphi$		$\Delta\theta$	
$A\neq0$	$-\mathrm{sgn}(A)\|\Delta\varphi\|$	$B\neq0$	$-\mathrm{sgn}(B)\|\Delta\theta\|$
$A\neq0$	0	$B\neq0$	0

注：A、B 的定义同式（8.27）和式（8.28）

$$|\Delta\varphi|、|\Delta\theta|\in(0.005\pi,0.05\pi)$$

综上所述，令染色体 $p_i(i=1,2,\cdots,m)$ 上的 n 个量子位表示为 $(q_{i1},q_{i2},\cdots,q_{in})$，具体实现 p_i 更新过程的伪码程序如下：

```
Procedure Update (pi)
Begin
    j←0
    While ( j < 0) do
    Begin
    j←j +1
    Determine Δφ and Δθ with the lookup
    table1 and obtain  q̃ij  from the following:
        q̃ij = U(Δφ,Δθ)qij
    End
    pi← p̃i
End
```

（4）量子染色体的变异。

在量子理论中，一位量子非门的作用是兑换量子位的两个概率幅，当量子位 $|\varphi\rangle$ 用单位圆中的向量 $[\cos\theta\ \sin\theta]^{\mathrm{T}}$ 表示时，它在量子非门的作用下变为

$$\begin{bmatrix}0 & 1\\1 & 0\end{bmatrix}\begin{bmatrix}\cos\theta\\\sin\theta\end{bmatrix}=\begin{bmatrix}\sin\theta\\\cos\theta\end{bmatrix} \tag{8.29}$$

这种作用可以看作是将相位 θ 改变为 $\pi/2-\theta$。为了把上述量子非门的作用效果由平面上单位圆推广到三维的 Bloch 球面，设三维 Bloch 球面上变异算子的具体形式为

$$V=\begin{bmatrix}x_{11} & x_{12} & x_{13}\\x_{21} & x_{22} & x_{23}\\x_{31} & x_{32} & x_{33}\end{bmatrix}$$

由

$$V \begin{bmatrix} \cos\varphi\sin\theta \\ \sin\varphi\sin\theta \\ \cos\theta \end{bmatrix} = \begin{bmatrix} \cos(\pi/2-\varphi)\sin(\pi/2-\theta) \\ \sin(\pi/2-\varphi)\sin(\pi/2-\theta) \\ \cos(\pi/2-\theta) \end{bmatrix}$$

可计算出变异算子 V 的具体形式为

$$V = \begin{bmatrix} 0 & \cot\theta & 0 \\ \cot\theta & 0 & 0 \\ 0 & 0 & \tan\theta \end{bmatrix} \tag{8.30}$$

实际上，这种变异也可以看作是量子位沿 Bloch 球面的一种旋转。由于在这种旋转中，每条染色体不与当代最优染色体比较，且旋转幅度（$\Delta\varphi = \pi/2-2\varphi$ 与 $\Delta\theta = \pi/2-2\theta$）一般较大，因此有助于增加种群的多样性，且有利于避免早熟收敛。

令染色体 p_i 上第 j 个量子位为 q_{ij}，其中 $i=1, 2, \cdots, m$，$j=1, 2, \cdots, n$；变异概率为 p_m。p_i 的变异过程可描述如下：

Procedure Mutate (p_i)

Begin

　　If p_i is not the current optimum chromosome then

　　Begin

　　　　$j \leftarrow 0$

　　　　While ($j < 0$) do

　　　　Begin

　　　　　$j \leftarrow j + 1$,

　　　　Generate Random Number rnd in range 0 to 1,

　　　　If rnd < p_m then obtain $\tilde{q}_{ij}$ from $\tilde{q}_{ij} = Vq_{ij}$

　　　　End

　　　　$p_i \leftarrow \tilde{p}_i$

　　End

End

8.2.3　算法描述

BQEA 实现可用伪码描述如下：

Procedure BQEA

Begin

$t \leftarrow 0$

（1）Initialize the colony　$Q(t) = (q_{ix}^t, q_{iy}^t, q_{iz}^t)$

（2）Make $X(t) = (X_{ix}^t, X_{iy}^t, X_{iz}^t)$ by solution space transforming

（3）Get the current optimum solution BX among X(t) and the current optimum chromosome BC among

Q(t) by evaluating X(t)

（4）Store BX into GX, and BC into GC

　While (not termination-condition)

　Begin

　　t←t +1

（5）Get Q(t) by updating and mutating the states of Q(t-1)

（6）Make X(t)=$(X_{ix}^t, X_{iy}^t, X_{iz}^t)$ by solution space transforming

（7）Get the current optimum solution BX among X(t) and the current optimum chromosome BC among Q(t) by evaluating X(t)

（8）If fit(BX) < fit(GX)

　　　BX←GX; BC←GC

　Else

　　　GX←BX; GC←BC

　End

　End

End

上述过程的实施步骤如下：

Step 1：种群初始化。置当前代数 $t←0$，按式（8.22）随机产生 m 条染色体组成初始群体 $Q(t)$；设定量子旋转门的转角大小分别为 $|\Delta\varphi|=\varphi_0$ 和 $|\Delta\theta|=\theta_0$；设定变异概率 p_m，最大进化代数 Max_gen。

Step 2：解空间变换。将每条染色体代表的 3 个近似解，由单位空间 $I^n=[-1, 1]^n$ 映射到优化问题的解空间 Ω，得到近似解集 $X(t)$。

Step 3：计算全部 $3m$ 个近似解的适应度，得到当代最优解 BX 和当代最优染色体 BC。

Step 4：将 BX 作为全局最优解 GX；将 BC 作为全局最优染色体 GC。

Step 5：在循环中，置 $t←t+1$，通过更新和变异 $Q(t-1)$ 得到新种群 $Q(t)$。

Step 6：BQGA 在单位空间的优化结果 $Q(t)$ 经解空间变换后得到优化问题的解 $X(t)$。

Step 7：通过对 $X(t)$ 评价，获得当代最优解 BX 和当代最优染色体 BC。

Step 8：如果 $fit(BX) < fit(GX)$，更新当代最优解 $BX←GX$，并更新当代最优染色体 $BC←GC$；否则更新全局最优解 $GX←BX$、及全局最优染色体 $GC←BC$。

Step 9：如果 $t <$ Max_gen 且算法未收敛，返回步骤 Step 5，否则，保存全局最优解，停机。

8.2.4　Bloch 坐标的量子进化算法的收敛性

本节应用概率论中马尔可夫链的相关理论证明 Bloch 坐标的量子进化算法的收敛性。

令

$$Q_t = \{q_1^t, q_2^t, \cdots, q_m^t\}$$

为 Bloch 坐标的量子进化算法的第 t 代种群，其中第 i 条量子染色体 q_i^t 的定义为

$$q_i^t = \begin{bmatrix} \cos\varphi_{i1}^t \sin\theta_{i1}^t \\ \sin\varphi_{i1}^t \sin\theta_{i1}^t \\ \cos\theta_{i1}^t \end{bmatrix} \cdots \begin{bmatrix} \cos\varphi_{in}^t \sin\theta_{in}^t \\ \sin\varphi_{in}^t \sin\theta_{in}^t \\ \cos\theta_{in}^t \end{bmatrix}$$

【引理 8.2】 Bloch 坐标的量子进化算法的迭代序列 $\{Q_t, t \geq 0\}$ 是有限齐次马尔可夫链。

证明 由于 Q_t 的取值是连续的，因此理论上种群所在的状态空间是无限的，但在实际运算中 Q_t 是有限精度的，设其位数为 v，则种群所在的状态空间大小为 v^{nm}，因此种群是有限的；而算法中采用的量子染色体的更新和变异操作能够保证 Q_{t+1} 仅与 Q_t 有关，因此，迭代序列 $\{Q_t, t \geq 0\}$ 是有限齐次马尔可夫链。

【引理 8.3】 在由 Bloch 坐标的量子进化算法迭代产生的马尔可夫链序列中，其种群的最佳适应度序列 $fit(Q_t) = \max\limits_{q_i^t \in Q_t}\{fit(q_i^t): i = 1, 2, \cdots, n\}$ 是单调不减的，即对任意 $t \geq 0$，恒有 $fit(Q_{t+1}) \geq fit(Q_t)$。

证明 由于在 Bloch 坐标的量子进化算法中使用了最优解及最优染色体保留策略，因此能够保证每一代种群都不会退化，即对任意 $t \geq 0$，恒有 $fit(Q_{t+1}) \geq fit(Q_t)$。

【定理 8.5】 Bloch 坐标的量子进化算法是以概率 1 收敛的。

证明 根据引理 8.2，Bloch 坐标的量子进化算法的状态转移可由马尔可夫链来描述。对于每条染色体携带 n 个量子位，共含有 m 条染色体的种群，其状态可看作是状态空间 $[-1, 1]^{nm}$ 中的某个点。当 Q_t 取有限精度时，设其位数为 v，则种群所在的状态空间大小为 v^{nm}。记

$$bq_k = \max\limits_{q_i^k \in Q_k}\{fit(q_i^k): i = 1, 2, \cdots, n\}$$

表示第 k 个种群状态 Q_k 中的最佳个体，$s^* = \{bq \mid \max\limits_{1 \leq k \leq v^{nm}} fit(bq_k) = fit^*\}$ 为全局最优解集，fit^* 为全局最佳适应度。令 $I = \{i \mid bq_i \bigcap s^* = \varphi\}$，$Q_t^i$ 表示种群经过 t 次迭代后处于状态空间中的第 i 个状态，$i = 1, 2, \cdots, v^{nm}$。下面计算随机过程 $\{Q_t, t \geq 0\}$ 经过一部迭代后由状态空间中第 i 个状态转化为第 j 个状态的转移概率 $P_t(i \rightarrow j) = P(Q_t^i \rightarrow Q_{t+1}^j)$。

(1) 当 $i \notin I$，$j \in I$ 时，由引理 8.3，$fit(Q_{t+1}^j) \geq fit(Q_t^i)$，故 $P_t(i \rightarrow j) = 0$。

(2) 当 $i \in I$，$j \notin I$ 时，由引理 8.3，$fit(Q_{t+1}^j) \geq fit(Q_t^i)$，故 $P_t(i \rightarrow j) \geq 0$。

设 $P_t(i)$ 为种群 Q_t 处于状态 i 的概率为

$$P_t = \sum_{i \in I} P_t(i)$$

由马尔可夫链的性质可知，Q_{t+1} 处于状态 $j \in I$ 的概率为

$$P_{t+1} = \sum_{i \in I}\sum_{j \in I} P_t(i)P_t(i \rightarrow j) + \sum_{i \notin I}\sum_{j \in I} P_t(i)P_t(i \rightarrow j)$$

由

$$P_t = \sum_{i \in I} \sum_{j \in I} P_t(i) P_t(i \to j) + \sum_{i \in I} \sum_{j \notin I} P_t(i) P_t(i \to j)$$

得

$$\sum_{i \in I} \sum_{j \in I} P_t(i) P_t(i \to j) = P_t - \sum_{i \in I} \sum_{j \notin I} P_t(i) P_t(i \to j)$$

$$0 \leqslant P_{t+1} = P_t - \sum_{i \in I} \sum_{j \notin I} P_t(i) P_t(i \to j) + \sum_{i \notin I} \sum_{j \in I} P_t(i) P_t(i \to j) \leqslant P_t$$

故

$$\lim_{t \to \infty} P_t = 0 \ , \quad \lim_{t \to \infty} P(fit(bq_t) = fit^*) = 1 - \lim_{t \to \infty} \sum_{i \in I} P_t(i) = 1 - \lim_{t \to \infty} P_t = 1$$

即 Bloch 坐标的量子进化算法是以概率 1 收敛的。

8.2.5   在函数优化及模式识别中的应用

为了检验 Bloch 坐标的量子进化算法的优化性能，首先通过两个函数极值优化问题，总结出 Bloch 坐标的量子进化算法的参数选择原则，然后通过函数优化和神经网络权值优化的仿真结果，验证 Bloch 坐标的量子进化算法的性能优于普通量子遗体算法和普通遗体算法。

（1）函数极值优化。

① Goldstein-Price 函数。

$$f(x,y) = [1 + (x + y + 1)^2 (19 - 14x + 3x^2 - 14y + 6xy + 3y^2)] \times$$

$$[30 + (2x - 3y)^2 (18 - 32x + 12x^2 + 48y - 36xy + 27y^2)] \qquad (8.31)$$

其中，$|x| \leqslant 2$，$|y| \leqslant 2$。该函数有 4 个极小值点：（1.2, 0.8）、（1.2, 0.2）、（-0.6, -0.4）、（0, -0.1），全局极小值点为（0, -1），全局极小值为 3。当优化结果小于 3.005 时，认为算法收敛。具体函数图像如图 8.13 所示。

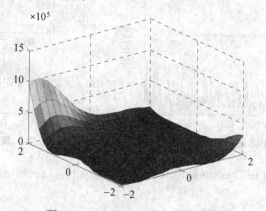

图 8.13   Goldstein-Price 函数图像

② Shubert 函数。

$$f(x,y) = \{\sum_{i=1}^{5} i\cos[(i+1)x+i]\}\{\sum_{i=1}^{5} i\cos[(i+1)y+i]\} +$$

$$0.5[(x+1.425\,13)^2 + (y+0.800\,32)^2] \qquad (8.32)$$

其中，$|x| \leqslant 10$，$|y| \leqslant 10$。此函数有 760 个局部极小点，其中只有一个极值点（-1.425 13，-0.800 32）为全局最小，全局最小值为-186.730 908 822 59。此函数极易陷入局部极小值 -186.34。当优化结果小于-186.34 时，认为算法收敛。具体函数图像如图 8.14 所示。

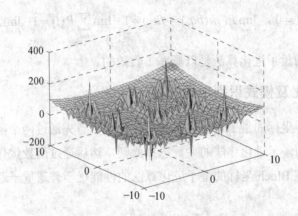

图 8.14　Shubert 函数图像

首先，应用上述两个函数研究 $|\Delta\varphi|$ 和 $|\Delta\theta|$ 的取值范围。假设染色体数取 10，最大优化步数取 100，变异概率取为（即不加入变异操作）。当 $|\Delta\varphi| = |\Delta\theta| = \{0.001\pi, 0.002\pi, \cdots, 0.5\pi\}$ 时，其优化结果分别如图 8.15 和图 8.16 所示。

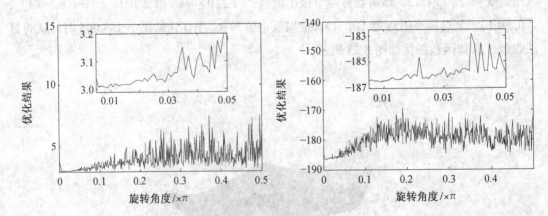

图 8.15　$|\Delta\varphi|$ 和 $|\Delta\theta|$ 对 Goldstein-Price 优化的影响　　图 8.16　$|\Delta\varphi|$ 和 $|\Delta\theta|$ 对 Shubert 优化的影响

由图 8.15 和图 8.16 可知，$|\Delta\varphi|$ 和 $|\Delta\theta|$ 的取值范围可取为：$0.005\pi < |\Delta\varphi| = |\Delta\theta| < 0.05\pi$，此时不仅优化结果好，而且波动范围小。

其次，考察 $|\Delta\varphi|$ 和 $|\Delta\theta|$ 之间的关系。同样地，染色体数取 10，最大优化步数取 100，变异概率取 0。令 $|\Delta\varphi|$ = {$0.005\pi, 0.01\pi, 0.02\pi, 0.03\pi, 0.04\pi, 0.05\pi$}，$|\Delta\theta| = k|\Delta\varphi|$，当 k = {0.1, 0.2, 0.3, ···,1.9, 2.0} 时，优化结果分别如图 8.17 和图 8.18 所示。

由图 8.17、图 8.18 可知，优化效果最佳时 $|\Delta\varphi|$ 和 k 的 6 种取值情况如下：

① $|\Delta\varphi|$=0.005π，$k\approx2.00$；

② $|\Delta\varphi|$=0.01π，$k\approx1.00$；

③ $|\Delta\varphi|$=0.02π，$k\approx0.50$；

④ $|\Delta\varphi|$=0.03π，$k\approx0.33$；

⑤ $|\Delta\varphi|$=0.04π，$k\approx0.25$；

⑥ $|\Delta\varphi|$=0.05π，$k\approx0.20$。

通过分析上述 6 种情况可以看出，当 $k = \dfrac{0.01\pi}{|\Delta\varphi|}$ 时，优化效果最佳。此时有

$$|\Delta\theta| = k|\Delta\varphi| \approx 0.01\,\pi \tag{8.33}$$

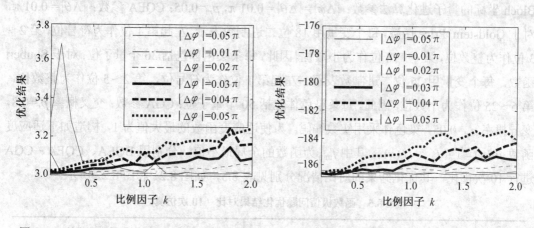

图 8.17 比例因子 k 对 Goldstein-Price 优化的影响　　图 8.18 比例因子 k 对 Shubert 优化的影响

最后，考察变异概率对优化性能的影响。同样，染色体数取 10，最大优化步数取 100。令 $|\Delta\theta|$=$0.01\,\pi$，$|\Delta\varphi|$={$0.005\pi, 0.01\pi, 0.02\pi, 0.03\pi, 0.04\pi, 0.05\pi$}。当变异概率 p_m={0.00, 0.05, ···, 0.95} 时，优化结果分别如图 8.19 和图 8.20 所示。

由图 8.19 和图 8.20 可以看出，对于 Goldstein-Price 函数和 Shubert 函数优化问题而言，当 $0.05 < p_m < 0.70$ 时，变异操作能够加速优化进程，且当 p_m=0.05 时，优化性能最佳。通常，变异概率范围可取为 $0.01 < p_m < 0.50$。

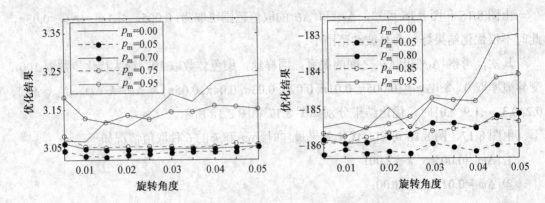

图 8.19　变异概率对 Goldstein-Price 优化的影响　　图 8.20　变异概率对 Shubert 函数优化的影响

综上所述，可以总结出 Bloch 坐标的量子进化算法的参数选择原则如下：

$$0.005\pi < |\Delta\varphi| < 0.05\pi \tag{8.34}$$

$$|\Delta\theta| = 0.01\,\pi \tag{8.35}$$

$$0.01 < p_m < 0.50 \tag{8.36}$$

比较 BQEA、CQEA、CGA 的优化性能。染色体数取为 50，最大优化步数取为 500。Bloch 坐标的量子进化算法参数：$|\Delta\varphi| = |\Delta\theta| = 0.01\,\pi$，$p_m = 0.05$；CQEA 参数：$|\Delta\theta| = 0.01\,\pi$，对于 Goldstein-Price 函数，每个变量用 18 位二进制数表示，左起第 1 位作为符号位，第 2～3 位作为整数位，第 4～18 位作为小数位。因此，每条染色体包括 36 个量子位；对于 Shubert 函数，每个变量用 25 位二进制数表示，左起第 1 位作为符号位，第 2～5 位作为整数位，第 6～25 位作为小数位。因此，每条染色体包括 50 个量子位；CGA 参数：交叉概率 $p_c = 0.8$，变异概率 $p_m = 0.05$，染色体采用实数编码。为使适应度函数的最大值为 1，构造如下适应度函数 $fit(x) = 1 + f_{min} - f(x)$，其中 f_{min} 为函数的全局最小值。分别用 BQEA、CQEA、CGA 进行 10 次优化，其优化结果的对比情况分别见表 8.5，如图 8.21 和图 8.22 所示。

表 8.5　函数极值问题优化结果对比（10 次仿真）

算法	Goldstein-Price 函数					Shubert 函数				
	最优结果	最差结果	平均结果	收敛次数	平均运行时间/s	最优结果	最差结果	平均结果	收敛次数	平均运行时间/s
BQEA	3.000 1	3.003 4	3.001 2	10	0.674 87	−186.54	−186.31	−186.46	9	1.734 4
CQEA	3.052 5	3.179 4	3.118 6	0	6.901 90	−184.70	−179.76	−182.37	0	9.696 5
CGA	3.014 9	3.076 1	3.038 5	0	0.822 08	−185.94	−183.95	−185.08	0	1.852 5

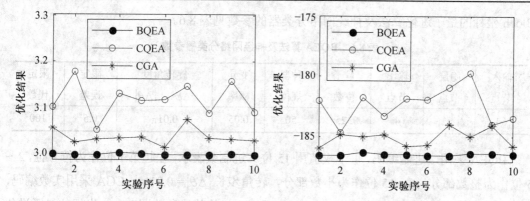

图 8.21　Goldstein-Price 函数优化结果　　　　　图 8.22　Shubert 函数优化结果

　　由表 8.7 可知，就优化结果和运行时间而言，Bloch 坐标的量子进化算法是最好的，其次是 CGA，最差的是 CQEA。在 Bloch 坐标的量子进化算法中，通过使用三链基因编码方案提高了寻优能力，而变异算子可使算法有利于避免陷入局部最优解，提高了 Bloch 坐标的量子进化算法的优化性能；尽管每条染色体包含 3 条基因链，但由于没有选择运算和复制运算，因此平均运行时间略低于 CGA；在 CQEA 中，由于涉及频繁对二进制数的解码运算，因此平均运行时间最长；同时，由于该算法使用概率运算获得待优化问题的二进制解，因此主要适用于组合优化，而对于连续优化问题效果并不理想。

　　（2）神经网络权值优化。

　　考虑用 3 层前向神经网络作为分类器，通过 Bloch 坐标的量子进化算法优化网络权值，实现手写体汉字识别问题。将"优"和"伏"两个汉字分别由 15 个不同层次的人员书写，共获得 2 类 30 个样本。根据图像数据二值化思想，样本的编码是将每个字处理成 $A_{8 \times 8}$ 点阵，并用向量 $\boldsymbol{X} = (x_{8i+j})^{\mathrm{T}}$ 存储，依据点阵颜色的不同，向量对应维的取值为 1 或 0。部分样本如图 8.23 所示。

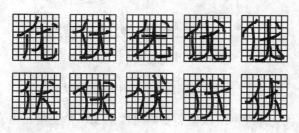

图 8.23　部分样本示意图

　　样本共 2 类，网络输出用 1 位二进制数表示。训练过程采用单样本循环误差修正方式，即随机地从样本集中抽取一个样本进行网络训练，直到满足辨识误差精度为止，再选取下一个样本，直到取完所有样本，完成一次迭代。选取每类汉字的前 10 个数据作为训练集，用于提取每类样本的模式信息，余下的 5 个作为测试集，用来检验网络的泛化能力。有关

Bloch 坐标的量子进化算法及神经网络分类器的参数见表 8.6。

表 8.6　BQEA 算法及神经网络分类器参数

输入节点	隐层节点	输出节点	量子位数	种群规模	变异概率	旋转角度 $|\Delta\varphi|$、$|\Delta\theta|$	限定误差	限定代数
64	5	4	325	50	0.05	0.01π	0.5	100

　　BQEA 采用二进制编码,每个权值用 15 位二进制数表示,左起第 1 位作为符号位,2～5 位作为整数部分,6～15 位作为小数部分,转角步长 $|\Delta\theta|=0.01\pi$;CGA 采用实数编码,交叉概率 p_c=0.8,变异概率 p_m=0.05。CQEA 和 CGA 的其他参数同 Bloch 坐标的量子进化算法。适应度函数取为 exp(-Error),其中 Error 为网络输出误差,当 Error < 0.5 时,认为算法收敛。分别用 BQEA、CQEA、CGA 优化网络权值,每种算法运行 10 次,优化结果对比情况分别如表 8.7、图 8.24 所示。

表 8.7　3 种优化算法对神经网络权值优化结果对比

算法	最小误差	最大误差	平均误差	收敛次数	平均运行时间/s
BQEA	0.027 12	0.046 63	0.035 19	10	20.71
CQEA	0.073 86	0.236 18	0.169 72	10	99.96
CGA	0.226 61	0.302 90	0.263 11	10	21.83

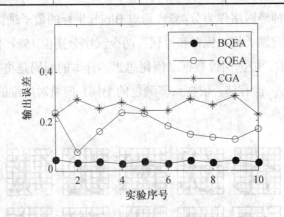

图 8.24　3 种优化算法对神经网络权值的优化结果

　　由表 8.6 可知,优化神经网络权值需要同时优化 325 个变量。由表 8.9 的优化结果可知,对于高维优化问题,Bloch 坐标的量子进化算法的优化性能同样是最好的,不仅平均误差最小,而且运行时间也最少。同时值得指出,对于模式识别问题,CQEA 也表现出良好的优化能力,其优化结果优于 CGA,但由于采用二进制编码,使运行时间过长,从而降低了效率。将训练好的网络用于测试集样本识别,Bloch 坐标的量子进化算法的正确识别率高达 100%,而 CQEA 和 CGA 的正确识别率分别为 80% 和 60%。可见,Bloch 坐标的量子进化算法对于处理高维优化的模式识别问题具有较大的潜力。

本章小结

　　量子智能优化算法是量子计算和信息科学相结合的新兴交叉学科成果，自从 1996 年在进化计算中引入量子多宇宙的概念，进而提出量子衍生进化算法以来，量子智能优化迅速成为国际上研究的热点。目前在与粒子群优化的融合方面已有较为成熟的理论基础和应用研究。通过模拟量子势阱中粒子向能量最低点的移动，孙俊等首次提出的量子行为粒子群优化算法，明显提高了普通粒子群优化算法的寻优能力。关于量子衍生进化算法，其核心问题是如何设计编码方式和进化算子。因此，如何设计新的编码方式和进化算子，以提高量子衍生进化算法的寻优能力，是一个值得深入研究的课题。

参考文献

[1] 余建平, 周新民, 陈明. 群体智能典型算法研究综述[J]. 计算机工程与应用, 2010,46(25),1-4.

[2] BONABEAU E, DORIGO M, THERAULAZ G. Swarm intelligence: From natural to artificial systems[M]. New York：Oxford University Press,1999:40-58.

[3] KENNEDY J, EBERHART R. Particle swarm optimization[A]. Proc. IEEE Int. Conf. on Neural Networks[C]. Perth, 1995, 1942-1948.

[4] MILLONAS M M. Swarms, phase transitions, and collective intelligence[M]// Langton, C G. (Eds): Artificial Life III. MA: Addison-Welsey, Reading, 1994: 417-45.

[5] KENNEDY J, EBERHARTR C. A discrete binary version of the particle swarm algorithm[C]. Proc. of Conf. on Systems, Man, and Cybernetics. Piscataway: IEEE Press, 1997:4104-4108.

[6] 崔文华, 刘晓冰, 王伟, 等. 混洗蛙跳算法研究综述[J]. 控制与决策, 2012, 27(4): 482- 486.

[7] 周红梅. 智能计算主要算法的概述[J]. 人工智能及识别技术, 2010, 6(9):2207-2210.

[8] 陈恩修. 离散群体智能算法的研究与应用[D]. 济南: 山东师范大学, 2009.

[9] 李智. 智能优化算法研究及其应用展望[J]. 武汉轻工大学学报, 2016, 35(4):1-9.

[10] 陈阿慧, 李艳娟, 郭继锋. 人工蜂群算法综述[J]. 智能计算机应用, 2014, 4(6):20-24.

[11] 施建刚, 陈罡, 高喆. 人工免疫算法综述[J]. 软件导刊, 2008, 7(11):68-69.

[12] 郭一楠, 王辉. 文化算法研究综述[J]. 计算机工程与应用, 2009, 45(9):41-46.

[13] 仁伟建, 李莹莹, 李文成. 基于函数优化的生物智能进化算法综述[J]. 自动化技术及应用, 2012, 21(5):1-6.

[14] 葛红. 免疫算法综述[J]. 华南师范大学学报(自然科学版), 2002, 3:120-126.

[15] 薛浩然, 张珂珩, 李斌, 等. 基于布谷鸟算法和支持向量机的变压器故障诊断[J]. 电力系统保护与控制, 2015, 43(8):8-13.

[16] 刘纯青. 文化算法及其应用研究[D]. 哈尔滨:哈尔滨工程大学, 2007.

[17] 项宝卫. 结构优化中的模拟退火算法研究和应用[D]. 大连: 大连理工大学, 2004.

[18] 汪采萍. 蚁群算法的应用研究[D].合肥: 合肥工业大学, 2007.

[19] 王俊伟. 粒子群优化算法的改进及应用[D]. 沈阳: 东北大学, 2006.

[20] 夏学文, 刘经南, 高柯夫. 具备反向学习和局部学习能力的粒子群算法[J]. 计算机学报, 2015, 38(7):1397-1406.

[21] 曾毅, 朱旭生, 廖国勇. 一种基于邻域空间的混合粒子群优化算法[J]. 华东交通大学学报, 2013, 30(3):44-49.

[22] 刘建华. 粒子群算法的基本理论及其改进研究[D]. 长沙: 中南大学, 2009.

[23] 高芳. 智能粒子群优化算法研究[D]. 哈尔滨: 哈尔滨工业大学, 2008.

[24] 孙波, 陈卫东, 席裕庚.基于粒子群优化算法的移动机器人全局路径规划[J]. 控制与决策, 2005, 20(9):1052-1056.

[25] 高尚, 韩斌, 吴小俊. 求解旅行商问题的混合粒子群优化算法[J]. 控制与决策, 2004, 19(11):1286-1289.

[26] 雷德明, 严新平. 多目标智能优化算法及其应用[M]. 北京: 科学出版社, 2009.

[27] 李雪梅, 张素琴. 基于仿生理论的几种优化算法综述[J]. 计算机应用研究, 2009, 26(6):2032-2034.

[28] PAN F, XIAO-TING L I, ZHOU Q, et al. Analysis of standard particle swarm optimization algorithm based on markov Chain[J]. Acta Automatica Sinica, 2013, 39(4):381-389.

[29] 汤荣志, 段会川, 孙海涛. SVM 训练数据归一化研究[J]. 山东师范大学学报(自然科学版), 2016, 31(4):60-65.

[30] 王振武, 孙佳骏, 尹成峰. 改进粒子群算法优化的支持向量及其应用[J]. 哈尔滨工程大学学报, 2016, 37(12):1728-1733.

[31] 朱兴统, 左敬龙, 张晶华. 改进量子粒子群优化支持向量机的网页分类[J]. 湖南科技大学学报, 2012, 27(3):81-85.

[32] 于明, 艾月乔. 基于人工蜂群算法的支持向量机参数优化及应用[J]. 光电子·激光, 2012, 23(2):374-378.

[33] 刘路, 王太勇. 基于人工蜂群算法的支持向量机优化[J]. 天津大学学报, 2011, 44(9): 803-809.

[34] 彭璐. 支持向量机分类算法研究与应用[D]. 长沙: 湖南大学, 2007.

[35] 常甜甜. 支持向量机学习算法若干问题的研究[D]. 西安: 西安电子科技大学, 2010.

[36] 肖婧. 差分进化算法的改进及应用研究[D]. 哈尔滨: 哈尔滨工程大学, 2011.

[37] 刘志军, 唐柳, 刘克铜. 差分演化算法中变异策略的改进与算法的优化[J]. 化工自动化及仪表, 2010, 37(9):5-8.

[38] EUSUFF M M, LANSEY K E. Optimization of water distribution network designusing

shuffled frog leaping algorithm[J]. Journal of Water Resources Planning and Management, 2003, 129(3): 210-225.

[39] ELBELTAGI E, HEGAZY T, GRIERSON D. Comparison among five evolutionary-based optimization algorithms[J]. Advanced Engineering Informatics, 2005, 19(1):43-53.

[40] AMIRI B, FATHIAN M, MAROOSI A. Application of shuffled frog-leaping algorithmon clustering [J]. International Journal of Advanced Manufacturing Technology, 2009, 45(1-2): 199-209.

[41] RAHIMI-VAHED A, MIRZAEI A H. A hybrid multi-objective shuffled frog leaping algorithm for a mixed-model assembly line sequencing problem [J]. Computers and Industrial Engineering, 2007, 53(4): 642-666.

[42] RAHIMI-VAHED A, MIRZAEI A H. Solving a bi-criteria permutation flow-shop problem using shuffled frog-leaping algorithm[J]. Soft Computing, 2008, 12(5):435-452.

[43] BHADURI A. A clonal selection based shuffled frog leaping algorithm[C]. IEEE International Conference on Advance Computing, 2009, 3:125-130.

[44] 李英海, 周建中, 杨俊杰, 等. 一种基于阈值选择策略的改进混合蛙跳算法[J]. 计算机工程与应用, 2007, 43(35):19-21.

[45] 罗雪晖, 杨烨, 李霞. 改进混合蛙跳算法求解旅行商问题[J]. 通信学报, 2009, 30(7):130-135.

[46] 赵鹏军. 优化问题的几种智能算法[D]. 西安: 西安电子科技大学, 2009.

[47] 唐德玉, 蔡先发, 齐德昱. 基于量子粒子群搜索策略的混合蛙跳算法[J]. 计算机工程与应用, 2012, 48(29):29-33.

[48] 付斌, 李道国, 王慕快. 云模型研究的回顾与展望[J]. 计算机应用研究, 2011, 28(2): 420-426.

[49] 刘明周, 张玺, 张铭鑫, 等. 基于损益云模型的制造车间重调度决策方法[J]. 控制与决策, 2014, 29(8):1458-1464.

[50] 张英杰, 邵岁锋, NIYONGABO J. 一种基于云模型的云变异粒子群算法[J]. 模式识别与人工智能, 2011, 24(1):90-94.

[51] 张光卫, 何锐, 刘禹, 等. 基于云模型的进化算法[J]. 计算机学报, 2008, 31(7):1082-1090.

[52] 马颖, 田维坚, 樊养余. 基于云模型的自适应量子免疫克隆算法[J]. 计算物理, 2013, 30(4):627-632.

[53] TIZHOOSH H. Opposition-based learning: A new scheme for machine intelligence [C]. Proceedings of the International Conference on Computational Intelligence for Modeling

Control and Automation, 2005: 695-701.

[54] 王燕. 反向粒子群算法理论及及其应用研究[D]. 西安: 西安工程大学, 2011.

[55] 林娟, 钟一文, 马森林. 改进的反向蛙跳算法求解函数优化问题[J]. 计算机应用研究, 2013, 30(3):760-763.

[56] 孙儒泳. 动物生态学原理[M]. 3版. 北京: 北京师范大学出版社, 2001.

[57] 崔志华, 曾建潮. 微粒群优化算法[M]. 北京: 科学出版社, 2011.

[58] 胥小波, 郑康锋, 李丹, 等. 新的混沌粒子群优化算法[J]. 通信学报, 2012, 33(1):24-37.

[59] 刘金梅, 屈强. 几类混沌序列的随机性测试[J]. 计算机工程与应用, 2011, 47(5):46-49.

[60] 王元, 方开泰. 关于均匀分布与试验设计(数论方法)[J]. 科学通报, 1981, 26(2):65-70.

[61] 梁昌勇, 陆青, 张恩桥, 等. 基于均匀设计的多智能体遗传算法研究[J]. 系统工程学报, 2009, 24(1): 109-113.

[62] KARABOGA N. A new design method based on artificial bee colony algorithm for digital IIR filters[J]. Journal of the Franklin Institute-Engineering and Applied Mathematics, 2009, 346(4):328-348.

[63] COBANLI S, OZTURK A, GUVENC U, et al. Active power loss minimization in electric power systems through artificial bee colony algorithm[J]. International Review of Electrical Engineering-free, 2010, 5(5):2217-2223.

[64] GARG H. Solving structural engineering design optimization problems using artificial bee colony algorithm[J]. Journal of Industrial and Management Optimization. 2014, 10(3):777-794.

[65] 郭一楠, 陈美蓉, 王春. 文化算法的收敛性分析[J]. 控制与决策, 2013, 28(9): 1361-1364.

[66] 华罗庚, 王元. 数论在近代分析中的应用[M]. 北京: 科学出版社, 1978:1-99.

[67] 刘香品, 宣士斌, 刘峰. 引入佳点集和猴群翻过程的人工蜂群算法[J]. 模式识别与人工智能, 2015, 28(1):80-89.

[68] 毕晓君, 张磊. 基于混合策略的双种群约束优化算法[J]. 控制与决策, 2015, 30(4): 715-720.

[69] 付斌, 李道国, 王慕快. 云模型研究的回顾与展望[J]. 计算机应用研究, 2011, 28(2): 420-426.

[70] 张光卫, 何锐, 刘禹, 等. 基于云模型的进化算法[J]. 计算机学报, 2008, 31(7): 1082-1090.

[71] 张英杰, 邵岁锋, JULIUS N. 一种基于云模型的云变异粒子群算法[J]. 模式识别与人工智能, 2011, 24(1):90-94.

[72] RAINER S, PRICE K. Differential evolution—A simple and efficient heuristic for global optimization over continuous spaces[J]. J of Global Optimization, 1997, 11(4):341-359.

[73] WU L H, WANG Y N, ZHOU S W. Self-adapting control parameters modified differential evolution for trajectory planning manipulator[J]. J. of Control Theory and Applications, 2007, 5(4):365-374.

[74] 张伟. 人工蜂群混合优化算法及应用研究[D]. 杭州: 浙江大学, 2013.

[75] 赵艳丽. 基于遗传算法的 K-Means 聚类挖掘方法的研究[D]. 青岛: 青岛科技大学, 2009.

[76] 袁小艳. ABC_Kemeans 聚类算法的 MapReduce 并行化研究[J]. 测控与决策, 2016, 24(1):252-254.

[77] 宁爱平, 张雪英. 人工蜂群算法的收敛性分析[J]. 控制与决策, 2013, 28(10):1554-1558.

[78] 郑伟, 刘静, 曾建潮. 人工蜂群算法及其在组合优化中的应用研究[J]. 太原科技大学学报, 2012, 31(6):467-471.

[79] 秦全德, 程适, 李丽, 等. 人工蜂群算法研究综述[J]. 智能系统学报, 2014, 9(2):127-135.

[80] 李璟民, 郭敏. 人工蜂群算法优化支持向量机的分类研究[J]. 计算机工程与应用, 2015, 51(2):151-155.

[81] 曹永春, 蔡正琦, 邵亚斌. 基于 K-Means 的改进人工蜂群聚类算法[J]. 计算机应用, 2014, 34(1):204-207,217.

[82] 喻金平, 郑杰, 梅宏标. 基于人工蜂群算法的 K 均值聚类算法[J]. 计算机应用, 2014, 34(4):1065-1069, 1088.

[83] 胡玉荣, 余建国. 面向高维数据的人工蜂群算法参数设置研究[J]. 荆楚理工学院学报, 2016, 31(2):39-44.

[84] 胡中华, 赵敏. 基于人工蜂群算法的 TSP 仿真[J]. 北京理工大学学报, 2009, 29(11):978-982.

[85] 王敞, 陈增强, 袁著祉. 基于遗传算法的 K 均值聚类分析[J]. 计算机科学, 2003, 30(2):163-164.

[86] 赵锋, 薛惠锋, 王伟. 基于复合型遗传算法的 K-Means 优化聚类方法[J]. 航空计算技术, 2006, 36(5):59-61.

[87] PAN W T. A new fruit optimization algorithm: taking the financial distress model as an example[J]. Knowledge-based Systems, 2012, 26:69-74.

[88] 张晓茹, 张著洪. 求解多模态函数优化的微果蝇优化算法[J]. 信息与控制, 2016, 45(3):361-370.

[89] 孙立, 董君伊, 李东海. 基于果蝇算法的过热气温自抗扰优化控制[J]. 清华大学学报（自然科学版）, 2014, 54(10):1288-1292.

[90] 王雪刚, 邹早建. 基于果蝇优化算法的支持向量机参数优化在船舶操纵预报中的应用[J]. 上海交通大学学报, 2013, 47(6):884-888.

[91] 黄伟明, 文尚胜, 傅轶. 基于果蝇算法优化径向基神经网络模型的白光发光二极管可靠性[J]. 光子学报, 2016, 45(4):1-5.

[92] 周平, 白广忱. 基于神经网络与果蝇优化算法的涡轮叶片低循环疲劳寿命雄壮性设计[J]. 航空动力学报, 2013, 28(5):1013-1018.

[93] 吴小文, 李擎. 果蝇算法和 5 种群智能算法的寻优性能研究[J]. 火力与指挥控制, 2013, 38(4):17-25.

[94] 韩俊英, 刘成忠, 王联国. 动态双子群协同进化果蝇优化算法[J]. 模式识别与人工智能, 2013, 26(11):1057-1067.

[95] 张前图, 房立清, 赵玉龙. 具有 levy 飞行特征的双子群果蝇优化算法[J]. 计算机应用, 2015, 35(5):1348-1352.

[96] 张彩宏, 潘广贞. 基于非均匀变异和自适应逃逸的果蝇优化算法[J]. 计算机工程与设计, 2016, 37(8):2093-2097.

[97] 霍慧慧. 果蝇优化算法及其应用研究[D]. 太原: 太原理工大学, 2015.

[98] RASHEDI E, NEZAMABADI-POUR H, SARYAZDI S. GSA: a gravitational search algorithm[J]. Information Sciences, 2009, 179(13):2232-2248.

[99] 王凌, 郑晓龙. 果蝇优化算法研究进程[J]. 控制理论与应用, 2017, 34(5):557-563.

[100] 王林, 吕盛祥, 曾宇容. 果蝇优化算法综述[J]. 控制与决策, 2017, 32(7):1153-1162.

[101] 万建臣, 靳宗信. 多峰值函数优化问题的免疫遗传算法求解[J]. 电子科技大学学报, 2013, 42(5):769-772.

[102] 吴建辉, 章兢, 李仁发, 等. 多子种群微粒群免疫算法及其在函数优化中的应用[J]. 计算机研究与发展, 2012, 49(9):1883-1898.

[103] 叶洪涛, 罗飞, 许玉格. 改进的免疫算法及其在函数优化中的应用[J]. 系统工程与电子技术, 2011, 33(2):464-467.

[104] 孙学刚, 负超, 崔一辉. 改进免疫算法在函数优化中的应用[J]. 北京航空航天大学学报, 2010, 36(10):1180-1183.

[105] 郑日荣, 毛宗源, 罗欣贤. 改进人工免疫算法的分析研究[J]. 计算机工程与应用, 2003, 34:35-37.

[106] 罗一丹. 免疫进化算法在函数优化中的应用[D]. 长沙: 中南大学, 2008.

[107] 李盼池, 李士勇. 求解连续空间优化问题的混沌量子免疫算法[J]. 模式识别与人工智能, 2007, 20(5):654-660.

[108] 曹先彬, 刘克胜, 王煦法. 基于免疫遗传算法的装箱问题求解[J]. 小型微型计算机系统, 2000, 21(4):361-363.

[109] 赵莲娣, 马永强. 基于遗传的免疫算法在函数优化中的应用[J]. 电脑知识与技术, 2009, 5(25):7217-7218.

[110] 史峰, 王辉, 郁磊. MATLAB 智能算法 30 个案例分析[M]. 北京: 北京航空航天大学出版社, 2011.

[111] 高岩, 位耀光, 付冬梅, 等. 免疫遗传算法的研究及其在函数优化中的应用[J]. 软件时空, 2007, 23(2-3):183-185.

[112] 陈丽安, 张培铭. 免疫遗传算法在 MATLAB 环境中的实现[J]. 福州大学学报(自然科学版), 2004, 32(5):554-559.

[113] 关静. 免疫遗传算法在函数优化中的应用[J]. 软件导刊, 2007:91-92.

[114] 王煦法, 张显俊, 曹先彬, 等. 一种基于免疫原理的遗传算法[J]. 小型微型计算机系统, 1999, 20(2):117-120.

[115] 熊盛武, 王琼, 刘麟. 一种解决函数优化问题的免疫算法[J]. 武汉理工大学学报, 2005, 27(3):84-86.

[116] 于瀛, 侯朝桢. 一种用于函数优化的免疫算法[J]. 计算机工程, 2006, 32(10):167-171.

[117] MIKKI S M, KISHK A A. Quantum particle swam optimization for electromagnetics[J]. IEEE Transactions on Antennas and Propagation, 2006, 54(10):2764-2775.

[118] DREO J and SIARRY P. An ant algorithm aimed at dynamic continuous optimization [J]. Applied Mathematics and Computation, 2006, 181(1):457- 467.

[119] WANG L,TANG F, WU H. Hybrid genetic algorithm based on quantum computing for numerical optimization and parameter estimation[J]. Applied Mathematics and Computation, 2005, 171(2):1141-1156.